甲醛废水处理
技术研究与工程化

徐 富 著

中国轻工业出版社

图书在版编目（CIP）数据

甲醛废水处理技术研究与工程化 / 徐富著. -- 北京 : 中国轻工业出版社, 2025. 9. -- ISBN 978-7-5184-5508-9

Ⅰ. X703

中国国家版本馆CIP数据核字第2025WQ8088号

责任编辑：张文佳　　　　　　责任终审：李建华

文字编辑：姜瑞雪　　　　　　责任校对：吴大朋　　　　封面设计：锋尚设计

策划编辑：张文佳　李金慧　　版式设计：砚祥志远　　　责任监印：张　可

出版发行：中国轻工业出版社（北京鲁谷东街5号，邮编：100040）

印　　刷：三河市万龙印装有限公司

经　　销：各地新华书店

版　　次：2025年9月第1版第1次印刷

开　　本：710 × 1000　1/16　印张：7.75

字　　数：130千字

书　　号：ISBN 978-7-5184-5508-9　定价：48.00元

邮购电话：010-85119873

发行电话：010-85119832　010-85119912

网　　址：http://www.chlip.com.cn

Email：club@chlip.com.cn

250296K6X101ZBW

序

在现代化工产业体系中，甲醛作为基础有机化工原料，其衍生产品已应用到国民经济各个领域。然而，这一“化工基石”在推动产业发展的同时，也带来了严峻的环境挑战。甲醛废水因其生物毒性强，处理难度大。如何针对不同浓度甲醛废水的特性，开发差异化、精准化的处理技术，实现环境效益与经济效益的平衡，是当前环保科技工作者面临的重要课题。

本书立足甲醛废水处理的特殊性，创新性提出了基于浓度梯度的分类治理技术体系。针对高、中、低不同浓度区间的甲醛废水，分别开发了强化氧化、生物强化、菌种驯化等特色工艺，形成了从理论到应用的完整技术链条。这种“量体裁衣”式的技术路线，既避免了处理工艺的“一刀切”，又确保了技术经济可行性，为甲醛废水治理提供了全新思路。

本书的独特价值在于，它不仅是实验室研究成果的总结，更是工程实践经验的结晶。作者团队依托中国科学院生态环境研究中心的科研优势，结合苏州苏沃特环境科技股份有限公司的工程实践，成功打通了从技术研发到产业应用的“最后一公里”。这种“科研—工程”双向互动的模式，确保了书中内容的先进性和实用性。

在生态文明建设深入推进的今天，本书的出版恰逢其时。它不仅为甲醛生产企业提供了废水治理的技术指南，也为环保工程师和科研人员提供了宝贵参考资料。这些创新技术和工程经验必将推动甲醛行业绿色转型，为化工行业可持续发展作出积极贡献。

中国科学院院士、清华大学教授

前　言

甲醛作为一种重要的基础化工原料，广泛应用于树脂合成、纺织、医药、防腐剂等行业。然而，随着甲醛及其衍生物生产和使用量的不断增加，甲醛废水的排放问题日益突出。甲醛具有毒性强、生物降解性差等特点，若未经有效处理达标排放，将对水环境和生态系统造成严重危害。因此，开发高效、经济、稳定的甲醛废水处理技术，已成为环境工程领域亟待解决的关键科学问题。

目前，针对不同浓度甲醛废水的处理，国内外学者已探索了多种方法，包括物理法、化学法和生物法等。高浓度甲醛废水通常采用氧化法或高级氧化技术进行预处理；中等浓度甲醛废水则以生物处理为核心，结合厌氧、好氧等工艺实现高效降解；而低浓度甲醛废水则更注重工艺的经济性和稳定性。然而，现有技术在工程应用过程中仍面临处理效率不稳定、运行成本高、污泥颗粒化困难等问题，亟须通过工艺优化和设备创新加以解决。

本书系统总结了作者团队在甲醛废水处理领域的多年研究成果和工程实践经验，重点探讨了甲醛废水处理工艺及工程化应用。全书共分为八章：第一章综述甲醛废水的特性、研究动态；第二章是针对高浓度甲醛废水，详细介绍了CaO强化氧化法；第三章至第八章，针对中、低浓度甲醛废水，以生物处理为核心，重构微生物代谢路径，分析IC/UASB/EGSB厌氧工艺、好氧MBR、CASS、氧化沟等技术的设计原理、运行参数、工程案例及经济效益分析，并结合实际工程数据验证其可行性与推广价值。

本书是著者在中国科学院生态环境研究中心博士后工作期间（2014—2016年）系统研究的理论成果与苏州苏沃特环境科技股份有限公司（2016—2025年）工程实践经验的深度融合与创新结晶。通过“产学研用”协同创新模式，实现了从实验室小试、中试到产业化应用的全链条技术开发，相关成果已成功应用于多个化工废水处理项目。期待本书能为工业废水治理提供新思路，助力我国环保产业高质量发展。

2025年7月

目 录

1 甲醛废水研究动态

1.1 甲醛废水

1.1.1 甲醛废水的特点

甲醛是生产工艺简单和使用范围广的大宗有机化工原料之一，主要采用甲醇氧化法生产甲醛。甲醛的理化性质见表1–1。

表1–1 甲醛的理化性质表

分子式	CH_2O；HCHO	外观与性状	无色，具有刺激性和窒息性的气体，商品为其水溶液
相对分子质量	30.03	蒸气压	13.33kPa/–57.3℃
闪点	50℃ /37%	熔点	–92℃
密度	相对密度（水 =1）0.82 相对密度（空 =1）1.07	沸点	–19.4℃
危险标记	20（腐蚀品）	溶解性	易溶于水，溶于乙醇等多数有机溶剂
稳定性	稳定	主要用途	是一种重要的有机原料，也是炸药、染料、医药、农药的原料，也作杀菌剂、消毒剂等

含35%~40%甲醛水溶液俗称福尔马林，福尔马林具有杀菌、消毒和防腐等功效，作用机理是细菌中蛋白质上的氨基酸与甲醛反应。甲醛能与微生物体内的蛋白质、DNA、RNA直接发生化学反应，进而导致微生物死亡或抑制

微生物的活性[1]。

甲醛的衍生物产品种类繁多，已达上百种，主要有氨基模塑料、季戊四醇、新戊二醇、三羟甲基丙烷等。以上产品在生产过程中都会产生一定的废水，排放废水的甲醛浓度是不同的。例如，氨基模塑料行业的甲醛浓度高达20000mg/L左右，季戊四醇行业的甲醛浓度为1200~1500mg/L。以甲醇氧化法生产甲醛不产生工艺废水，污水的主要来源为地面和设备冲洗废水，此废水的甲醛浓度在10~20mg/L。鉴于以上的差别，将不同浓度的甲醛废水分类，定义为高浓度甲醛废水、中等浓度甲醛废水和低浓度甲醛废水，其中将甲醛含量在10000mg/L以上的称为高浓度甲醛废水，甲醛含量在1000~2000mg/L的称为中等浓度甲醛废水，甲醛含量在100mg/L以下的称为低浓度甲醛废水。

针对以上不同行业的甲醛废水，采取相同的处理工艺处理甲醛废水，显然是不合适的。由于甲醛能以任意比例与水互溶，溶液形态是真溶液，因而采用混凝沉淀的方式难以达到效果。甲醛废水处理普遍采用的方法有甲醛缩合法、H_2O_2/Fe^{3+}芬顿法、CWO湿式氧化处理法、PCO光强化氧化法、ClO_2法和生物处理法等。由于生物法处理废水的运行和投资费用低，因此广受关注[2]。

1.1.2 高浓度甲醛废水的研究动态

强化氧化法（石灰法）、甲醛缩合法、H_2O_2/Fe^{3+}芬顿法、CWO湿式氧化处理法、PCO光强化氧化法和ClO_2法等，是高浓度甲醛废水处理的主要方法。

采用石灰强化氧化法[3]，通过控制甲醛进水浓度、反应温度和石灰与甲醛摩尔比，研究表明：在反应温度为65℃和石灰与甲醛摩尔比值约为0.1时，可以实现高浓度甲醛废水的显著降解。同时，进水甲醛浓度、石灰与甲醛摩尔比和反应温度这三个因素越高，反应达到平衡的时间越短，甲醛的去除率也越高。研究还表明，只有当Ca^{2+}和OH^-同时存在于废水系统时，才能强化反应的发生，实现甲醛浓度的显著降低，而$CaCl_2$和其他金属氢氧化物不能起到强化氧化作用，因而对去除甲醛没有效果。

黄力群等[4]采用H_2O_2/Fe^{3+}芬顿法处理高浓度甲醛废水，反应条件为：反应pH为1.80~2.68，反应温度为50℃，当控制$m(H_2O_2):m(COD)=2.2\sim2.6$，$n(Fe^{3+})/n(H_2O_2)=0.048\sim0.058$，反应时间为40min即可达到平衡，

甲醛和COD的去除率分别达到99%及85%以上，同时也证实三价铁芬顿法比二价铁芬顿法效果显著。Cui等[5]采用$O_3/MgO/H_2O_2$法处理酚醛树脂生产中产生的甲醛废水，也实现了较好的甲醛去除效果。

在处理生产吡唑甲醛肟过程中产生的高浓度甲醛废水，王大六等[6]采用CWO湿式氧化处理法，利用鼓泡式固定床反应器，强化剂是$CuO-MnO_2-Cr_2O_3/ZrO_2-CeO_2$，该强化剂是复合负载型，研究结果展示了较好的强化活性。此方法的最佳工艺条件为：反应温度T= 220℃，反应压力P= 5.8MPa，空气流速：1.8m/h，V（气）：V（水）=260：1，进水pH为9，在此条件下COD去除率达到95.2%。但CWO湿式强化氧化法是基于高温、高压的反应条件，因而能耗大，难以工程化应用。

吹脱法和A/O法处理制药产生的高浓度甲醛废水[7]，设计有效容积1.5m^3的吹脱反应器，停留时间为0.5~1.5h，工作压力为0.4MPa，每吨废水消耗蒸汽为0.11t，采用蒸发吹脱和降膜吸收，实现30%~40%的甲醛溶液回收。采用精馏-高级氧化方式处理高浓度甲醛[8]，增加相对挥发度，实现废水中甲醛的回收。

采用中试规模的亚硫酸氢钠法处理高浓度甲醛废水[9]，结果表明，在初始甲醛浓度为2595.69mg/L时，反应温度为20℃、pH为6.2和n（$NaHSO_3$）：n（HCHO）为1：1的条件下反应10min，废水中甲醛去除率达99%以上。采用亚硫酸氢钠法可以高效地去除废水中的甲醛，但对COD却没有实现显著的去除率。由于废水中的甲醛被大幅度去除，因而消除了废水中的甲醛对后续生物法的毒害和抑制作用，便于后续生物法的处理。

采用强化转化法[10]，反应条件：温度为70℃、强化转化剂与甲醛摩尔比为1：5，当反应时间为30min时，废水中甲醛浓度从8000~10000mg/L降低到3mg/L以下，实现了废水中甲醛去除率99.96%以上。同时，废水的BOD_5/COD（B/C比，即废水的可生化性）从0.12上升到0.50，显著地提高了废水的可生化性。经过强化转化法后的甲醛废水，甲醛被大幅度去除，之后再采用厌氧和好氧进行生物降解。厌氧和好氧运行的环境条件：温度为35~40℃、pH为7.0~7.5，当厌氧和好氧的水力停留时间（Hydraulic Retention Time，HRT）为9~12h时，厌氧反应器有机负荷（organic loading rate，OLR）为8.0~10.0kg/（m^3·d），好氧反应器有机负荷OLR为1.0~2.0kg/（m^3·d），厌氧和好氧系统总的COD去除率达到98.81%，系统出水COD小于100mg/L。该方法运行费用非常低，甲醛和COD降解效率非常高，工艺流程非常简单，具体工艺流程见图1–1。

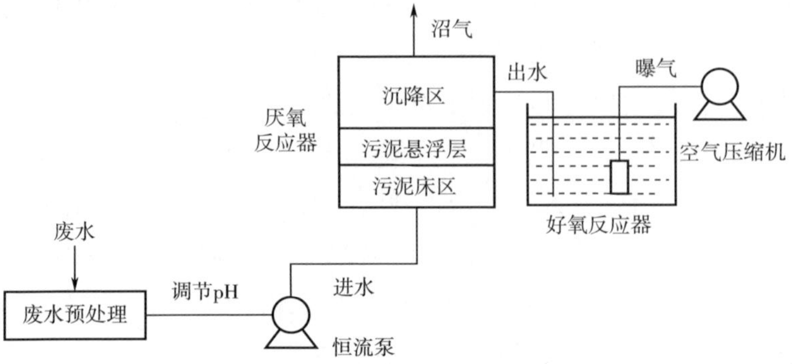

图1-1　强化氧化+生物法处理高浓度甲醛废水流程图

1.1.3　中等浓度甲醛废水的研究动态

对于中等浓度甲醛废水，主要的方法是生物法，即培养嗜甲醛废水的活性污泥来降解甲醛。丙烯酸及丙烯酸酯生产废水经过稀释后，此废水是中等浓度的甲醛废水，李海燕等[11]采用UASB（升流式厌氧污泥床反应器，Up-flow Anaerobic Sludge Bed）厌氧反应器处理此类废水，当UASB厌氧反应器进水COD（化学需氧量，Chemical Oxygen Demand）和甲醛（FA）负荷分别为3.04kgCOD/（m^3·d）和0.22kgFA/（m^3·d），相应的进水COD和甲醛浓度分别为1896.9mgCOD/L和139.9mgFA/L，出水的COD和甲醛浓度分别小于93.2mgCOD/L和11.4mgFA/L，COD和甲醛去除率分别达到95.1%和91.8%以上，达到了较好的处理效率。采用水平流式厌氧固定化污泥反应器（HAIB）处理甲醛浓度为1100mg/L的甲醛废水[2]，反应器运行温度在（35 ± 1）℃和水力停留时间为（12 ± 0.5）h时，甲醛的去除率达到99.7%，进水COD浓度在1700mg/L左右，COD的去除率达到92%。

在传统曝气生物滤池（BAF）基础上，开发内循环曝气生物滤池[12]，内循环曝气生物滤池见图1–2。当内循环BAF进水的甲醛浓度在2000mg/L和进水COD浓度为1200mg/L左右时，控制参数：水力停留时间HRT = 10h，内循环比在30~40，出水中甲醛的浓度维持在120mg/L以下和COD浓度小于70mg/L，甲醛和COD的去除率分别达到90%~98%和94%以上，实现了甲醛和COD的达标排放。

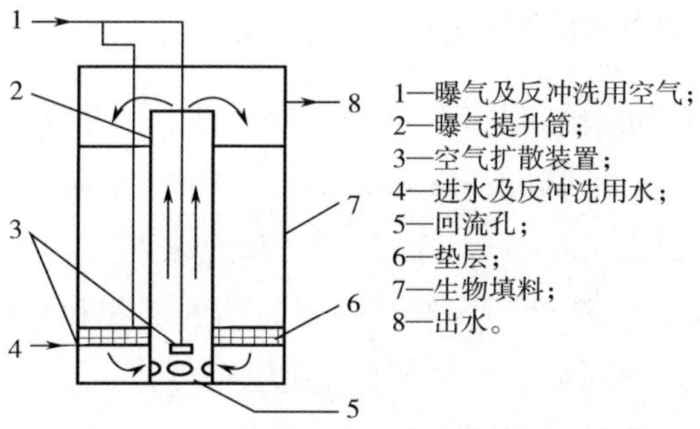

图1-2 内循环曝气生物滤池图

研究认为含甲醛的废水在厌氧环境下的反应过程如下：

氧化反应：$HCHO+H_2O \longrightarrow HCOOH+H_2$

还原反应：$HCHO+ H_2 \longrightarrow CH_3OH$

总体反应：$2HCHO+ H_2O \longrightarrow CH_3OH+ HCOOH$

基于以上分析，甲醛在厌氧环境下降解为甲醇和甲酸[13]。水解阶段、酸化阶段、产氢产乙酸阶段和产甲烷阶段是厌氧消化反应的四个阶段，厌氧消化反应是一个非常复杂的生物化学过程。复杂有机物、碳水化合物、蛋白质和酯类的厌氧消化降解过程的示意图见图1-3。

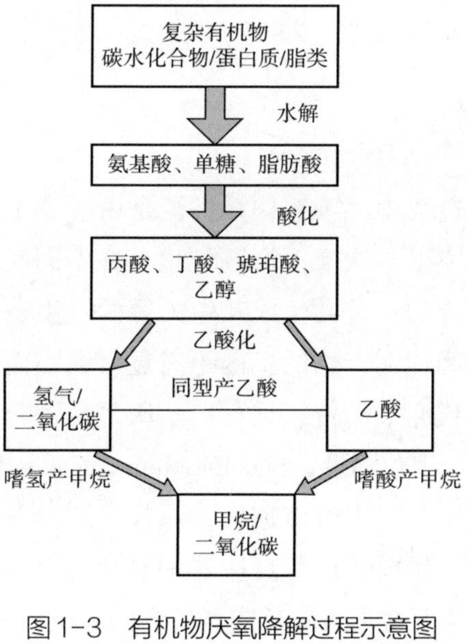

图1-3 有机物厌氧降解过程示意图

1.1.4 低浓度甲醛废水的研究动态

生物法也是低浓度甲醛废水处理的主要方法，一般有SBR（序列间歇式活性污泥法，Sequencing Batch Reactor）法、A^2O（厌氧－缺氧－好氧生物脱氮除磷，Anaerobic-Anoxic-Oxic）法等[14]。研究表明，在污泥浓度为4000mg/L情况下，采用SBR法，活性污泥经过一定时间的培养和驯化后，活性污泥对甲醛和COD的去除率分别稳定在97%以上和69.6%以上。

基于以上分析，培养嗜甲醛废水的活性污泥来降解甲醛是研究的一个方向。微生物对甲醛的降解效果随pH的大小呈抛物线状变化趋势，嗜甲醛的污泥菌种适宜在碱性环境中生长[15]，温度对微生物生长有重要影响，但一般在10~30℃即可满足微生物的生存需要。控制好氧污水处理构筑物的溶解氧（DO），一般DO越高，对有机物COD及甲醛的降解去除效果越好，但随着DO的增大，曝气程度会相应加大，这就意味着风量变大，并且曝气程度加大后污泥形态会变散，从而导致污泥加重上浮，因而要根据进水有机物浓度和甲醛浓度以及它们的去除效果而选择合适的DO。在微生物处理废水过程中，废水的停留时间也是一个重要的控制环节，一般以48h较好，具体设计时可综合考虑规模及经济因素。

另外，Li等[16]采用减压蒸馏方法回收农药废水中的甲醛。

1.2 厌氧污泥颗粒化

在废水生物处理过程中，厌氧颗粒污泥是由于微生物自凝聚过程而形成的一种特殊的微生物膜[17]。厌氧污泥颗粒化是在不同类型、种群的厌氧微生物下，自我平衡而形成的一种共生或互生关系的微生态系统[18]。厌氧颗粒污泥是使厌氧种群的中间代谢产物的扩散距离显著缩小而维持一个相对稳定的微生态系统，从而使代谢活动持续进行[19]。厌氧污泥一旦颗粒化，颗粒污泥具有较高的SMA（比产甲烷活性，Specific Methanogenic Activity），也有利于底物的降解。在高产气率、高上升流速下，颗粒污泥具有良好的沉降性能，并能够截留在反应器中，维持了厌氧反应器中较高的生物量浓度，减少了微生物随出水而流失[20]，从而实现厌氧反应器较高的有机负荷和较高的沼气产率。

在生产规模的厌氧废水处理中，大量的研究是采用厌氧消化污泥或成熟的厌氧颗粒污泥来启动厌氧反应器的，而基于污水处理厂的剩余活性污泥，培养成厌氧污泥并实现颗粒化的报告很少。含水率在92%~95%的厌氧颗粒污泥出厂价一般每立方米为1000~2000元人民币，价格昂贵，而且稀缺，运输费用高，一般工业化企业难以负担起。因此，在大部分的工业化厌氧废水处理中，一般选择较低的OLR（有机负荷率，Organic Load Rate）和较长的HRT（水力停留时间，Hydraulic Retention Time）来设计厌氧反应器。而采用城市污水处理厂的剩余活性污泥或厌氧消化污泥启动厌氧反应器的情况下，一般厌氧反应器的OLR较低，从而容易造成厌氧反应器体积的庞大，既浪费了珍贵的土地，又增加了大量的建设费用，同时也增加了厌氧反应器能耗等运行费用。由于工业化的厌氧废水处理设施容易受废水水质的波动、操作管理的方式、环境条件的变化而影响运行效果，因此，通过简单的操作和控制来实现生产规模的厌氧颗粒污泥规模化培养[21]，是现代厌氧废水处理技术发展急需解决的问题之一[22]。通过实现生产规模的厌氧污泥颗粒化，使厌氧反应器在较高的OLR和较短的HRT下运行，节约土地和减少费用。

针对甲醛废水处理而实现厌氧污泥颗粒化的研究，未见报道。

1.3　研究意义

甲醛生产企业产生的大部分是水量小、特征污染物甲醛浓度高的废水，而且这样的企业非常多。企业根据废水情况实施污水处理，是每个企业应尽的义务和应承担的社会环境责任。事实上，在环境保护越来越受重视的今天，只有自觉履行环保法律义务的企业，才可规避风险，实现企业的长远利益，才能走得更远。

根据市场的需要，结合企业的实际情况，研究针对不同高浓度、中等浓度和低浓度的甲醛废水，研究甲醛废水处理的工艺技术和设计参数，解决甲醛行业废水处理难题，为甲醛行业企业保驾护航，是研究者的出发点之一。

笔者针对不同甲醛浓度的废水，采用不同的工艺路线和运行条件，实现甲醛废水的达标排放，为甲醛废水处理的工程应用提供一定的借鉴和实践指导，从而形成甲醛废水降解的产业化技术和装备。

1.4 研究内容

针对不同甲醛浓度的废水，采用不同的工艺路线和运行条件，实现甲醛废水的达标排放，形成甲醛废水降解的产业化技术和装备，主要研究内容如下：

（1）以CaO为强化剂，采用强化氧化法处理含20000mg/L的高浓度甲醛废水。

研究用CaO作为强化剂，分析不同的反应pH、不同的反应温度、不同的强化剂CaO用量和其他不同的金属化合物等对甲醛降解情况的影响，探索采用CaO强化氧化法处理高浓度甲醛废水的工艺条件和设计参数，从而形成生产规模的高浓度甲醛废水降解的产业化技术和装备。

（2）采用预处理+厌氧+好氧为主的工艺，研究生物法处理1200~1500mg/L的中等浓度甲醛废水的工艺条件。

讨论预处理池、IC（内循环，Internal Circulation）厌氧反应器和好氧MBR（膜–生物反应器，Membrane Bio–Reactor）三个不同工艺段对甲醛和COD的降解情况，控制合适的工艺条件和技术参数，分析组合工艺的运行费用、操作方式和运行效果，形成中等浓度甲醛废水处理技术工艺包。

针对不同的工业企业实际情况，介绍了不同的厌氧单元、好氧单元及其设计参数，如UASB、EGSB（膨胀颗粒污泥床，Expanded Granular Sludge Blanket Reactor）、厌氧水解池等的厌氧单元，MBR、CASS（周期循环活性污泥法，Cyclic Activated Sludge System）、活性污泥好氧池等的好氧单元，以满足不同的企业需求。

（3）以污水处理厂产生的好氧剩余污泥作为接种和驯化污泥，启动IC厌氧反应器，处理含10~20mg/L低浓度甲醛的废水。

讨论在不稀释进水浓度和满负荷运行的情况下，研究在处理甲醛废水中对好氧剩余污泥的驯化，研究成功启动的进程和方法，并实现厌氧污泥颗粒化。利用厌氧反应器出水区与好氧反应池之间的液位差，实现厌氧出水口的势能转化为曝气的动能，实现自动充氧曝气，开发新型的曝气方法，从而形成低浓度甲醛废水处理技术工艺包。

（4）甲醛园区污水处理厂采用厌氧+兼氧+氧化沟为主的工艺，处理经过企业预处理的废水，介绍了工艺和设计参数，出水达到太湖地区地方标准。

通过以上研究，实现不同甲醛浓度的废水达标处理，起到工程示范作用，解决甲醛行业的水处理难题，推进甲醛行业的发展。

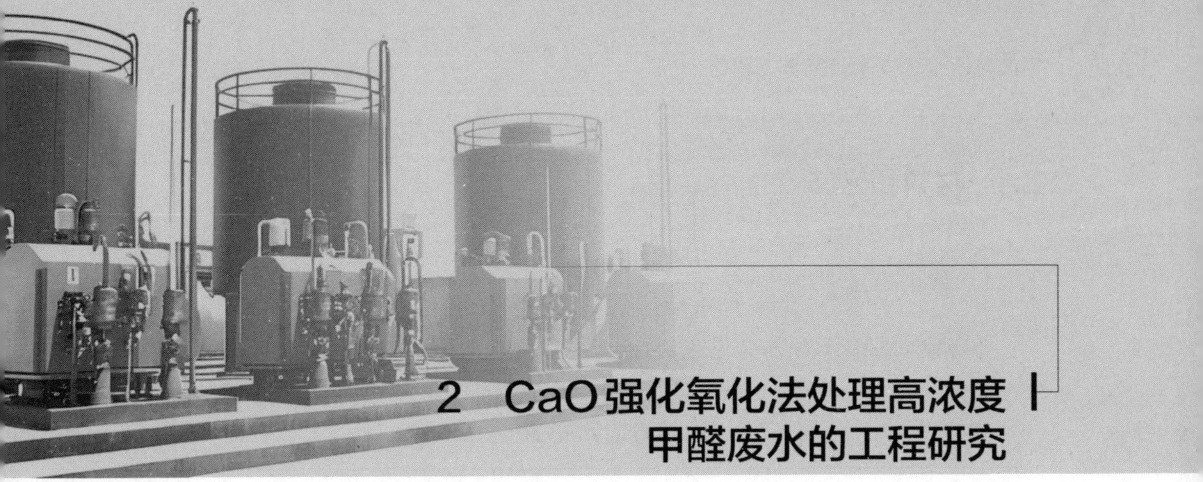

2 CaO强化氧化法处理高浓度甲醛废水的工程研究

某公司采用一步法造粒技术生产氨基模颗粒塑料，该塑料的三大原料是甲醛、尿素和纤维素，其中37%甲醛水溶液占三大原料的45%~55%，每生产1吨产品产生0.6~0.75m^3含20000mg/L的高浓度甲醛废水，每天产生废水量约为30m^3。该废水水量少，但甲醛浓度高。

有文献报道，可以通过沉淀的方法，去除高浓度的甲醛。例如，生产酚醛树脂时产生的高浓度甲醛废水，以ClO_2为强化剂，控制反应温度在80℃，在碱性的环境下，使甲醛与酚类物质发生缩合反应，产生不溶性的固体沉淀物质，从而实现去除甲醛。废甲醛与氨水在反应釜中经缩合反应、过滤、脱色、真空浓缩、干燥，而得乌洛托品白色晶体，这是甲醛氨化制乌洛托品的生产工艺。采用石灰强化氧化法[3]，通过控制甲醛进水浓度、反应温度和石灰与甲醛摩尔比，研究表明：反应温度65℃和石灰与甲醛摩尔比值约为0.1时，可以实现高浓度甲醛废水的显著降解，研究也表明此法可处理的最大甲醛浓度为8000~10000mg/L。但石灰会产生大量的石灰渣而增加固体废弃物监管的风险，而针对20000mg/L高浓度甲醛废水并没有文献报道。

鉴于以上分析，笔者研究用CaO强化氧化法处理含20000mg/L的高浓度甲醛废水的工艺条件，研究目的如下：①研究不同的反应pH、不同的反应温度、不同的强化剂CaO用量和其他不同的金属化合物等对甲醛降解情况的影响，确定去除高浓度甲醛废水的反应条件；②开发CaO强化氧化塔成套装备，研究装备的操作方式和运行效果；③通过以上研究，针对高浓度甲醛废水特性，从反应条件研究中探索降解甲醛的新方法，形成生产规模的高浓度甲醛废水降解的产业化技术和装备。

2.1 材料和方法

2.1.1 分析方法

分析项目和分析方法见表2–1。

表2–1　　分析项目和分析方法

项目	分析方法	分析标准
COD	重铬酸钾法	GB/T 11914–1989
甲醛	乙酰丙酮分光光度法	HJ 601–2011
NH_3–N 水（废水）中氨氮含量指标	纳氏试剂比色法	HJ 535–2009
TN 总氮，Total Nitrogen	碱性过硫酸钾紫外分光光度法	HJ 636–2012
TP 总磷，Total Phosphorus	钼酸铵分光光度法	GB/T 11893–1989
SS（Suspended Solid，固体悬浮物浓度）	标准称重法	GB/T 11901–1989
pH	玻璃电极法	GB/T 6920–1986
电导率	电导率测定仪	《水和废水监测分析方法》（第四版）

2.1.2 废水来源

某公司采用一步法造粒技术生产氨基模颗粒塑料产生的高浓度甲醛废水，水质特性分析见表2–2。

表2–2　　高浓度甲醛废水水质特性分析

项目	单位	数值	均值
COD	mg/L	30010~30050	30030 ± 20
甲醛	mg/L	20050~20100	20075 ± 25
NH_3–N	mg/L	220~250	235 ± 15
TN	mg/L	240~260	250 ± 10
TP	mg/L	0.1~0.2	0.15 ± 0.05
SS	mg/L	50~70	60 ± 10
pH	—	3~4	3.5 ± 0.5
电导率	μS/cm	25~30	27.5 ± 2.5

2.1.3 实验过程

将装有1L高浓度甲醛废水的烧杯放置于水浴锅中，水浴加热至废水温度升高到80℃，加入一定量的NaOH和CaO，测定废水的pH，开始反应并计时。每隔一定时间从烧杯取出少量样品，测定样品中甲醛的浓度、pH、COD和电导率，计算甲醛、COD去除率和电导率的变化量。

2.2 研究结果与讨论

2.2.1 不同反应pH对甲醛去除情况的影响

废水温度达到80℃时，加入一定量的NaOH，测定废水的pH，反应2h后从烧杯取出少量样品，测定样品中甲醛的浓度，研究不同反应pH对甲醛去除情况的影响。不同反应pH对甲醛去除情况的影响，见图2-1。

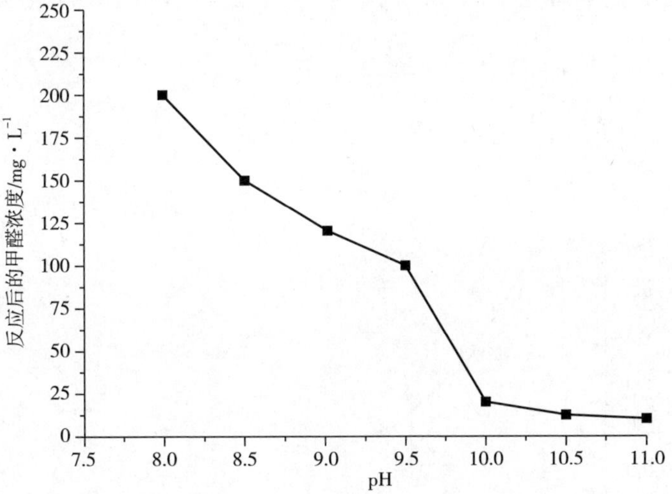

图2-1 不同反应pH对甲醛去除情况的影响

从图2-1可知，pH在8.0时，反应2h后，甲醛浓度从20000mg/L降到200mg/L，甲醛去除率为99%。维持温度80℃恒定，当pH从8.0逐步提升到9.5时，反应后的甲醛浓度从200mg/L降到100mg/L以下，继续升高pH到10左右时，反应后的甲醛浓度在15mg/L以下，再继续升高pH，反应后的甲醛浓度在10mg/L左右。由此可以确定，随着反应的pH逐渐提高，反应后的甲醛浓度逐渐降低。较为理想的反应pH范围为9.5~10。根据文献报道，采用亚硫酸氢钠法去除甲醛时[9]，反应的温度是20℃，反应的pH是6.2。采用$Ca(OH)_2$法处理聚甲醛废水[23]，反应的条件：反应pH为11，反应温度为70℃，当反应时间为60min时，实现了很高的甲醛去除效率。在反应温度为70℃和$Ca(OH)_2$与甲醛摩尔比为1：5的条件下，采用强化转化法[10]，当反应时间为30min时，废水中甲醛从8000~10000mg/L降低到3mg/L以下，甲醛的去除率在99.96%以上。

2.2.2 不同反应时间对甲醛去除情况的影响

废水温度达到65℃时，加入一定量的NaOH，测定废水的pH在9.5~10.0时，开始反应。反应时间为15min、30min、45min、60min、75min、90min、105min、120min、135min和150min，分别从烧杯中取出少量样品，测定样品中甲醛的浓度，研究不同反应时间对甲醛去除情况的影响，见图2-2。

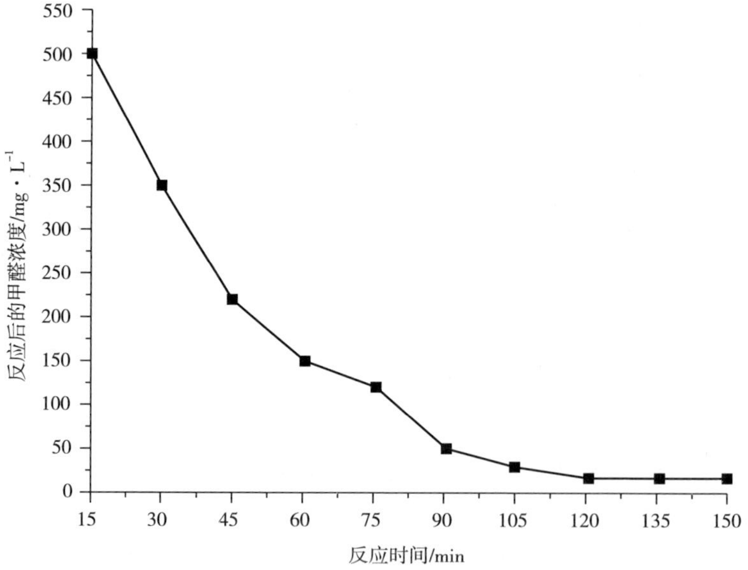

图2-2 不同反应时间对甲醛去除情况的影响

从图2-2可知，当反应时间在75min时，甲醛浓度从20000mg/L降到100~150mg/L，甲醛去除率为99.25%~99.5%。当反应时间为90min时，反应后的甲醛浓度小于50mg/L。当反应时间从120min延长到150min时，反应后的甲醛浓度波动小，没有明显的降低。由此可以确定，随着反应时间延长，反应后的甲醛浓度逐渐降低。当反应时间为90~120min时，去除后的甲醛浓度小于50mg/L，是较为理想的反应时间。采用亚硫酸氢钠法去除废水中的甲醛反应时间为60min[9]，采用强化氧化法去除甲醛的反应时间为30min[10]。

2.2.3 不同反应温度对甲醛去除情况的影响

将装有1L高浓度甲醛废水的烧杯置于水浴锅中，加入一定量的NaOH来控制反应的pH，当废水的pH在9.5~10.0时，待废水温度达到15℃、30℃、40℃、50℃、60℃、70℃、80℃和90℃时，开始反应。分别从烧杯中取出少量样品，测定样品中甲醛的浓度，研究不同反应温度对甲醛去除情况的影响。不同反应温度对甲醛去除情况的影响，见图2-3。

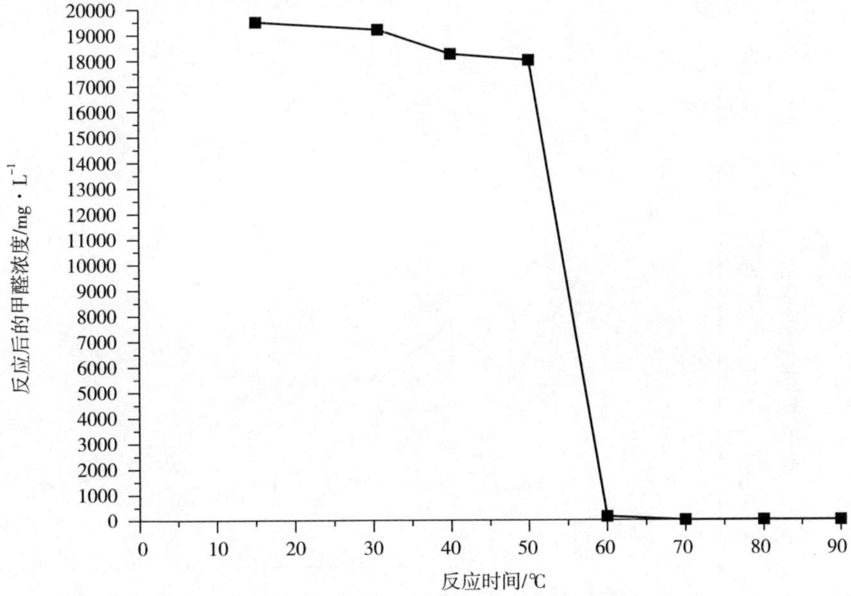

图2-3 不同反应温度对甲醛去除情况的影响

从图2-3可知，当反应温度从10℃增加到50℃时，甲醛浓度从起始的

20000mg/L降到18000mg/L，甲醛去除率为10%。当反应温度从60℃增加到90℃时，反应后的甲醛浓度从300mg/L降低到18mg/L。反应温度在50~60℃，反应后的甲醛浓度有显著的突变。由此可以确定，随着反应温度升高，反应后的甲醛浓度逐渐降低。

当反应温度从80℃提高到90℃时，反应后的甲醛浓度波动小，没有明显的降低。由此可以确定，当反应温度为80℃时，反应后的甲醛浓度小于50mg/L，是较为理想的反应温度。研究认为，采用亚硫酸氢钠法去除甲醛[9]和强化氧化法[10]的反应温度均是70℃。

2.2.4 添加不同的CaO量对甲醛去除情况的影响

根据以上的反应温度、反应pH和反应时间，将装有1L高浓度甲醛废水的烧杯置于80℃的水浴锅中，加入一定量的NaOH，测定废水的pH在9.5~10.0，在反应时间为30min时，考察强化剂CaO在不同用量的情况下对甲醛去除情况的影响。强化剂CaO在不同用量的情况下对甲醛去除情况的影响，见图2-4。

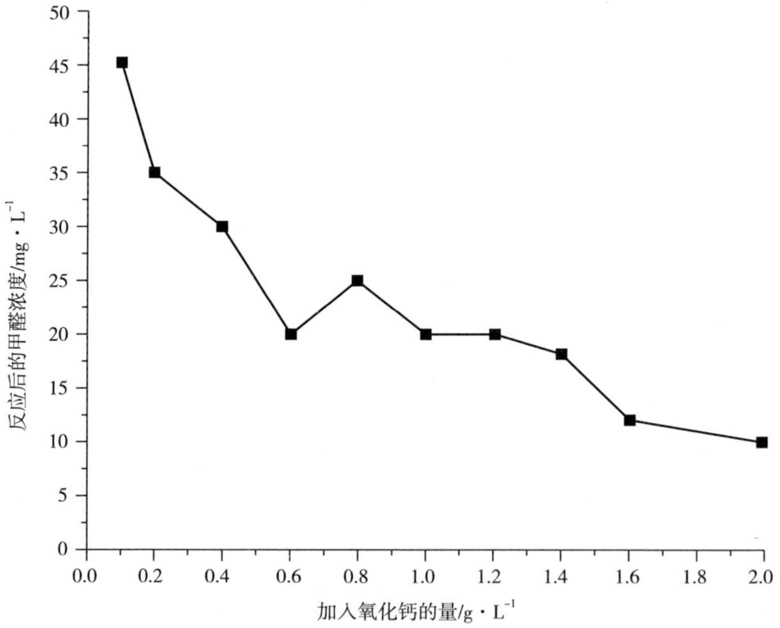

图2-4 添加不同的CaO量对甲醛去除情况的影响

从图 2–4 可知，添加了 CaO 的高浓度甲醛废水，反应时间缩短到 30min 即可达到反应平衡，即可将甲醛浓度从起始的 20000mg/L 降到 20mg/L，甲醛去除率为 99.9% 左右。反应加强化剂的量为 1L 高浓度甲醛废水加入 0.6g CaO。继续增大强化剂 CaO 的量至 0.8g/L 高浓度甲醛废水，甲醛的浓度有所上升，甲醛浓度达至 25mg/L。之后随着加入 CaO 量的增加甲醛浓度逐渐降低，甲醛浓度降低到 20mg/L 以下，但电导率从 3000us/cm 左右升高到 4000us/cm 左右，同时随着加入 CaO 量的增加会导致运行费用的增加。鉴于以上分析，确定 CaO 的量为 0.6g/L 高浓度甲醛废水即为合适的加 CaO 的量。废水的颜色由反应前的无色透明变为反应后的红棕色。

2.2.5 添加不同的金属化合物对甲醛去除情况的影响

鉴于 CaO 对加快甲醛反应速度的情况，采用投加不同的金属化合物，如 $Ca(OH)_2$、$Mg(OH)_2$、MgO、KOH 和 K_2O，研究不同的金属化合物对甲醛反应速度的影响，研究结果表明，$Mg(OH)_2$、MgO、KOH 和 K_2O 没有加快反应，而 $Ca(OH)_2$ 加快了反应达到平衡的速度。

2.2.6 去除高浓度甲醛废水的反应条件确定

去除高浓度甲醛废水的反应条件见表 2–3。

表 2–3 去除高浓度甲醛废水的反应条件表

序号	操作项目	数值
1	反应温度	80℃
2	反应的 pH	9.5~10.0
3	混凝搅拌	机械搅拌或曝气搅拌
4	加 NaOH 的量	加固体 NaOH 量为 $2kg/m^3$ 高浓度甲醛废水
5	加 CaO 的量	加固体 CaO 量为 $0.6kg/m^3$ 高浓度甲醛废水
6	反应时间	30min
7	反应终点判定	无甲醛气味，颜色红棕色

通过以上分析，废水的pH通过加NaOH达到9.5~10.0，反应温度为80℃，当反应时间为30min时，加固体NaOH量和CaO量分别为2kg/m^{3}高浓度甲醛废水和0.6kg/m^{3}高浓度甲醛废水，废水无甲醛气味，颜色为红棕色，即可判断为反应的终点。如1.1.2可知，可以采用石灰强化氧化法[3]，只有当Ca^{2+}和OH^-同时存在于废水系统时，才能强化反应的发生，实现甲醛浓度的显著去除，而$CaCl_2$和其他金属氢氧化物不能起到强化氧化作用，因而去除甲醛没有效果。对于8000~10000mg/L浓度的甲醛废水，在温度为70℃，$Ca(OH)_2$与HCHO的摩尔比为1∶5，反应时间为30min时，废水中甲醛达到了非常高的去除率，为99.96%。

本研究的突破是将20000mg/L浓度的甲醛废水降解到20mg/L以下，甲醛去除率为99.9%，实现了高浓度甲醛废水的甲醛快速降解转化。在反应温度80℃、pH=11和$Ca(OH)_2$∶HCHO =0.2∶1（摩尔比）的条件下，董梅等[23]采用石灰法处理高浓度甲醛废水，当反应时间为60min时，甲醛浓度从2500mg/L降低到250mg/L，实现甲醛去除率在90%以上。

2.3 成套装备的工程应用

2.3.1 开发强化氧化塔

基于以上的研究和讨论，开发强化氧化塔成套装备。强化氧化塔容积的大小是根据废水水量、加热条件和运行时间来确定的。

以常州某公司为例，该公司每天产生高浓度甲醛废水量约为30m^3，每天反应3次，每次处理废水量为10m^3。

强化氧化塔设计尺寸：$D \times H = \phi 2.5\text{m} \times 2.5\text{m}$，1座。有效高度：2.0m；有效容积：10m^3；建筑形式：强化氧化塔内衬材料为304不锈钢，外桶主体材料为Q235B碳钢材质。不锈钢换热盘管：1套，强化氧化塔的反应温度是通过蒸汽加热和电动阀来控制的。

在原水收集池收集的高浓度甲醛废水通过提升泵提升至强化氧化塔反应，提升水泵的参数：Q=20m^3/h，H=10m，N=2.2kW，1台。

采用空气搅拌，使废水与NaOH和CaO混合均匀。风机的参数：Q=

2.2m^3/min，H=3m，N=4kW，1台。

人工定量加固体的NaOH和CaO，加固体NaOH量和CaO 量分别为2kg/（m^{3}废水）和0.6kg/（m^{3}废水）。

塔底安装排水管至集水池，塔顶安装排气管，塔侧面有液位计、温度计、pH计。塔外采用聚氨酯保温，100mm厚，表面为1.2mm彩钢板装饰。强化氧化塔设计图如图2-5、图2-6所示。

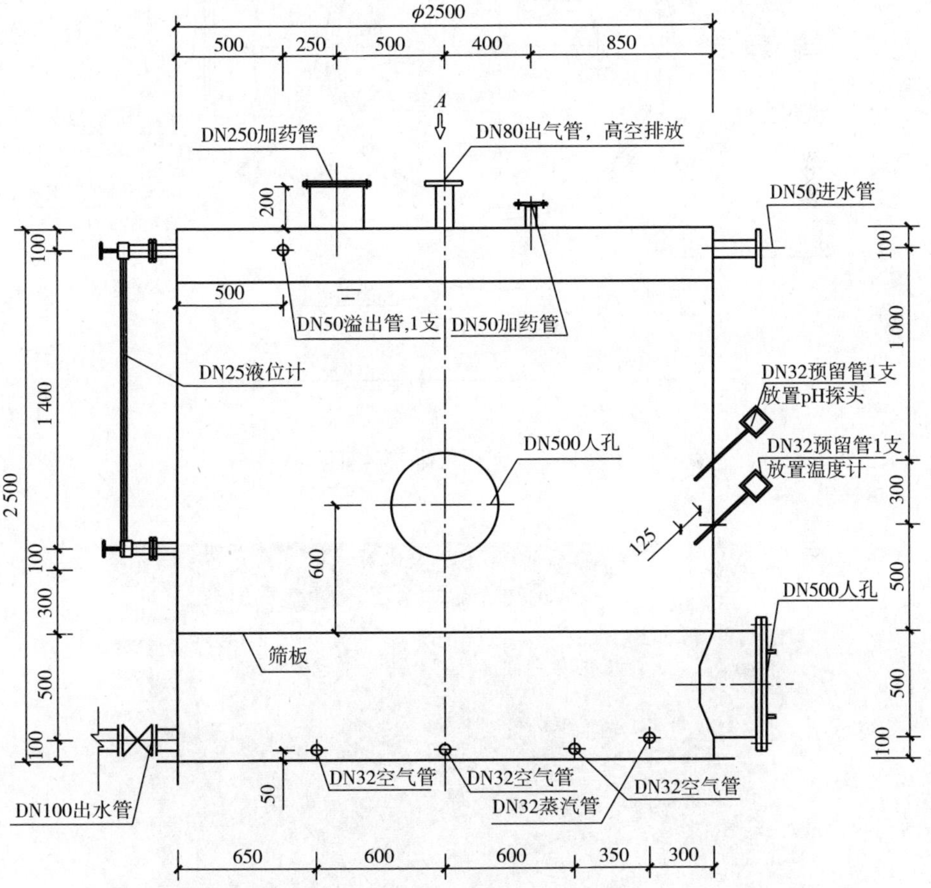

图2-5　强化氧化塔立面图

2.3.2　强化氧化塔建成外形图

强化氧化塔建成外形图如图2-7所示。

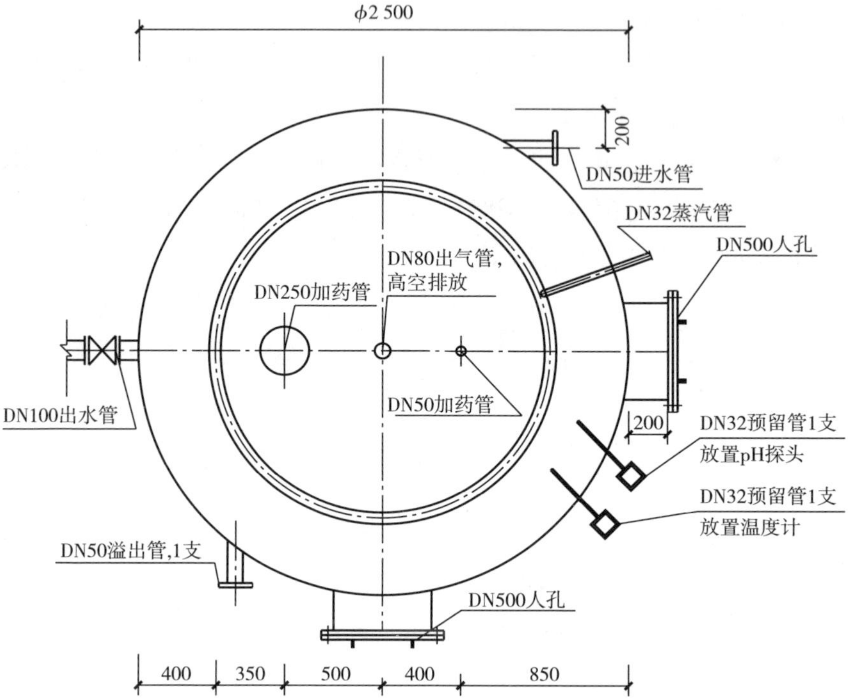

图2-6　强化氧化塔平面图

图2-7　强化氧化塔外观图

2.3.3 强化氧化塔操作方式

强化氧化塔操作条件分析见表2-4。

表2-4 强化氧化塔操作条件分析表

序号	操作项目	数值	时间
1	进水	通过提升泵进水，进水量为 $10m^3$	30min
2	开蒸汽（与进水同步）	开蒸汽加热至80℃	60min
3	定量加NaOH和CaO	加固体NaOH量为20kg和CaO为6kg	10min
4	风机曝气（反应）	开风机曝气搅拌	30min
5	确定反应终点	通过废水的气味和废水的颜色，确定反应结束	1min
6	停风机	停止风机搅拌	1min
7	排水	开启排水阀门排水	60min

反应周期从进水开始至排水结束，周期为162min。强化氧化塔反应进程分布图见图2-8。人工手动控制，通过闻废水的气味和观察废水的颜色即可判断反应的终点，实现了高浓度甲醛废水的甲醛快速降解转化，操作简单，管理方便。产生高浓度甲醛废水的为氨基模塑料行业，通过本研究解决了该行业发展难题。

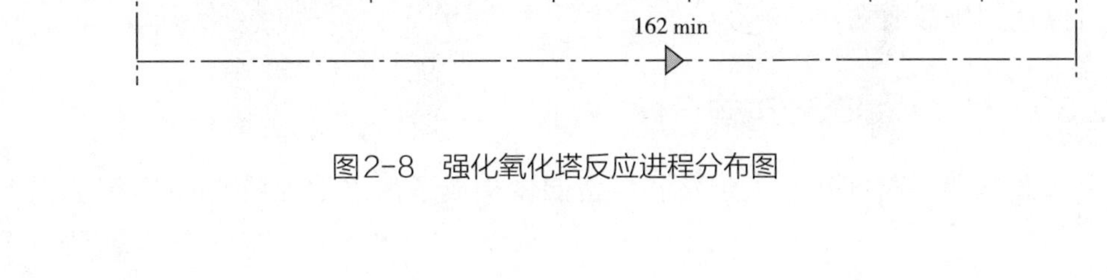

图2-8 强化氧化塔反应进程分布图

2.3.4 强化氧化塔运行效果分析

强化氧化塔运行效果分析见表2-5。

表2-5 强化氧化塔运行效果分析表

序号	类别	项目	数值	单位
1	甲醛	进水甲醛	20000	mg/L
		出水甲醛	20	mg/L
		甲醛去除率	99.9	%
2	COD	进水 COD	30000	mg/L
		出水 COD	27000	mg/L
		COD 去除率	10	%
3	电导率	进水电导率	30	μS/cm
		出水电导率	3000	μS/cm
		电导率效果	10000	%
4	色度	进水色度	20	倍
		出水色度	200	倍
		色度效果	1000	%

由表2-5可知，强化氧化塔在降解甲醛中取得了99.9%的去除率，但造成电导率增加100倍、色度增加10倍，由于引入了钠离子和钙离子而导致电导率的增加，影响废水的生物处理效果。也增加了色度，需要末端加入脱色剂去除色度。废水中高浓度甲醛经过强化氧化塔降解后，后续采用生化处理，可以达到排放要求。

2.3.5 强化氧化塔运行成本分析

蒸汽费、药剂费、人工费和电费四者构成了污水处理系统的直接运行费用，污水厂运行费用分析见表2-6，合计直接运行费用约为50.57元/m³废水。

表2-6 强化氧化塔运行成本分析表

序号	项目	名称	用途	单价	1m³ 废水用量	1m³ 废水运行费 / 元
1	NaOH 费	30% 液体 NaOH	原废水加碱调节 pH	1.07 元 /kg	2kg	2.14
2	CaO 费	95% 固体 CaO	原废水加 CaO 调节 pH	0.8 元 /kg	0.6kg	0.48
3	人工费	操作工和化验员	操作工 1 人、化验员 1 人	3000 元 /（人·月）	—	6.67
4	电费	设备	总运行功率约为 10kW，平均电费 0.85 元/（kW·h）	45kW·h/d	1.5kW·h	1.28
5	蒸汽费	0.6MPa 蒸汽	用于废水加热	200 元 /t	0.2t	40
6	合计	（1~5 之和）	—	—	—	50.57

2.4 小结

本章研究了用CaO作为强化氧化剂，分析不同的反应pH、不同的反应温度、不同的强化剂CaO用量和其他不同的金属化合物等对甲醛去除情况的影响，讨论强化氧化法处理高浓度甲醛废水的工艺条件，开发强化氧化塔成套装备，分析装备的操作方式和运行效果，得出以下主要结论。

（1）将20000mg/L浓度的甲醛废水，加固体NaOH量和CaO量分别为2kg/（m³废水）和0.6kg/（m³废水），当反应温度为80℃时，控制废水反应的pH在9.5~10.0，当反应时间为30min后，通过观察反应后废水的颜色和闻废水是否有甲醛的气味判定是否为反应的终点。当反应后的废水无甲醛气味，颜色为红棕色，即可判断为反应的终点，此时甲醛浓度降低到20mg/L以下，甲醛的去除率为99.9%以上，实现了高浓度甲醛废水的甲醛快速降解转化。

（2）开发了有效容积为10m^3的强化氧化塔，研究了装备的操作方式、分析了运行效果。

（3）针对高浓度甲醛废水特性，从条件研究中探索降解甲醛的新方法，形成了生产规模的高浓度甲醛废水降解的产业化技术和装备。

3 预处理+IC厌氧+好氧MBR工艺处理中等浓度甲醛废水的工程研究

根据第2章的分析，在反应温度80℃和pH 9.5~10.0的条件下，采用CaO强化氧化法，高浓度甲醛废水在强化氧化塔中可以将甲醛浓度从20000mg/L降低到20mg/L以下。强化氧化法适用于一些小水量的企业，但对于水量较大的废水比如500m^3/d以上则不具有实用性，主要是考虑到运行费用较高，要把废水加热到80℃、pH提高到10左右，一般工业企业承受不起这两项的费用。

季戊四醇、三羟甲基丙烷和酚醛树脂等产品生产过程中产生的废水中甲醛浓度在1000~2000mg/L，此类废水为中等浓度的甲醛废水，采用合适的工艺路线和设计参数，可实现甲醛浓度达到排放标准即1mg/L以下。

利用厌氧微生物的生物降解作用，废水中的有机物被最终转化为CH_4、CO_2、H_2O、H_2S和NH_3等[24]。利用厌氧微生物的特点，经过培养和驯化，使微生物能够降解甲醛，并适应在甲醛环境下生存，通过微生物的作用使含甲醛的废水能够达标排放。由于示范工程所在地及周边1000千米范围内无厌氧颗粒污泥，因而本项目在厌氧反应器后设置厌氧沉淀池，使厌氧絮状污泥能够回流到厌氧反应器，避免污泥流失。

以季戊四醇产品为例，其以甲醛和乙醛为原料，生产过程中产生中等浓度的甲醛废水，甲醛浓度在1200~1500mg/L。

鉴于以上分析，笔者采用预处理+厌氧+好氧为主的工艺，研究生物法处理1200~1500mg/L的中等浓度甲醛废水的工艺条件，达到废水的直接排放标准。研究目的如下：①研究预处理池、IC厌氧反应器和好氧MBR三个不同工艺段对甲醛和COD的降解情况，控制合适的工艺条件，形成合适的技术参数；

②分析组合工艺的运行费用、操作方式和运行效果，形成技术工艺包；③通过以上研究，针对中等浓度甲醛废水的特性，从工艺条件研究中探索降解甲醛的新技术，并将此技术在三羟甲基丙烷行业推广应用，形成具备生产规模的中等浓度甲醛废水降解的产业化技术和装备。

3.1 废水来源和废水处理工艺

3.1.1 废水来源和水质分析

在碱性强化剂［NaOH法或$Ca(OH)_2$法］存在的条件下，以甲醛和乙醛为原料生产季戊四醇，是季戊四醇常用的生产工艺，以贵州某化工厂采用NaOH法生产季戊四醇为例，废水的来源见图3-1。

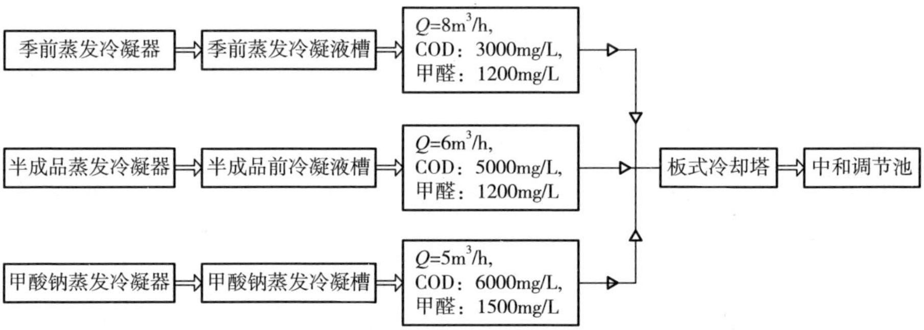

图3-1　中等浓度甲醛废水来源分析图

废水的水质情况见表3-1。

表3-1　中等浓度甲醛废水水质情况表

项目	单位	数值	均值
COD	mg/L	4500~5000	4750 ± 250
甲醛	mg/L	1200~1500	1350 ± 150
NH_3–N	mg/L	3~7	5 ± 2
TN	mg/L	5~10	7.5 ± 2.5

续表

项目	单位	数值	均值
TP	mg/L	0.2~0.5	0.35 ± 0.15
SS	mg/L	100~200	150 ± 50
pH	—	4~5	4.5 ± 0.5
电导率	μS/cm	800~1200	1000 ± 200

3.1.2　设计水量

设计规模为500m^3/d。

3.1.3　排放要求

出水执行《污水综合排放标准》（GB 8978–1996）一级标准，具体排放指标见表3–2。

表3–2　　废水排放标准

项目	单位	数值
COD	mg/L	100
甲醛	mg/L	1
NH_3–N	mg/L	15
TN	mg/L	20
TP	mg/L	0.5
SS	mg/L	70
pH	—	6~9

3.2　废水处理工艺路线

3.2.1　工艺流程

中等浓度的甲醛废水处理工艺路线见图3–2。

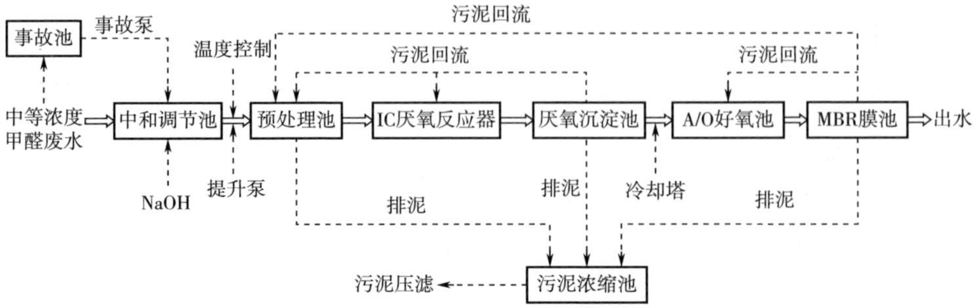

图3-2　中等浓度的甲醛废水处理工艺路线图

3.2.2　工艺流程说明

中等浓度的甲醛废水通过车间管道自流入中和调节池，废水进入调节池后，直接加液碱调节pH至6~6.5，控制温度在40℃左右，然后调节废水的水质和水量。经过调节后的废水通过提升泵泵入预处理池，预处理池主要是去除甲醛以及将废水的pH调至7~7.5。预处理池出水通过泵打入IC厌氧反应器，通过厌氧生物菌的生物降解作用，提高废水的B/C比，难降解的污染物降解为易降解的污染物[25]，易降解的污染物降解为大分子污染物，大分子污染物降解为小分子污染物，小分子污染物在厌氧反应器中通过厌氧生物菌的作用被大幅度地去除，产生沼气，实现有机物的能源化。厌氧出水经过厌氧沉淀池，澄清出水和泥水分离后，清水自流入A/O好氧池，在好氧池末端设有MBR膜池[16]，经过抽吸泵将清水从MBR膜中抽吸出来，清水达标外排。厌氧沉淀池沉淀的污泥通过污泥回流泵70%回流到IC厌氧反应器，30%进入预处理池。MBR膜池的污泥通过污泥回流泵60%回流到A/O好氧池[26]，40%进入预处理池。预处理池多余的污泥排至污泥浓缩池，进行污泥压滤处理与处置[27]。

3.3　工艺设计参数

3.3.1　中和调节池

主要功能：通过在中和调节池加液碱，调节季戊四醇废水的pH至6~6.5，控制调节池的废水温度在40℃左右，中和调节池起到调节季戊四醇废水的水质和水量的作用。

设计参数：$L \times W \times H$=15m×10m×5.5m，有效水深：5m，有效容积：750m^3。

建筑形式：钢砼结构。

数量：1座。

水力停留时间HRT：1.5d。

配套设备：

（1）快速搅拌机，直径：ϕ620mm，N=4kW，数量：2台。

（2）预处理池提升泵，流量：Q=30m^3/h，扬程：H=15m，功率：N=3kW，数量：2台，1用1备。

（3）加碱设备：1套，其中，液碱储罐：V=20m^3；液碱提升泵，流量：Q=200L/h，扬程：H=60m，功率：N=0.75kW，数量：2台，1用1备。

（4）温度控制器：2台，位于调节池进口和出口。

（5）pH计：2台，位于调节池进口和出口。

3.3.2　事故池

主要功能：发生生产事故时产生的废水在事故池收集，或污水处理系统出现故障时生产的废水在事故池缓冲储存，待污水处理系统正常运行时，将事故池的废水小流量地泵送至中和调节池，污水处理系统缓慢增加负荷，均匀处理。

设计参数：$L \times W \times H$=15m×10m×5.5m，有效水深：5m，有效容积：750m^3。

建筑形式：钢砼结构。

数量：1座。

水力停留时间HRT：1.5d。

配套设备：

（1）快速搅拌机，直径：ϕ620mm，功率：N=4kW，数量：2台。

（2）事故池提升泵，流量：Q=30m^3/h，扬程：H=15m，功率：N=3kW，数量：2台，1用1备。

3.3.3　预处理池

主要功能：含生物毒性的中等浓度甲醛废水，利用经过驯化成熟、特殊的微生物菌群[28]，附着在固定生物载体上，结合特定的工艺运行参数，并加入维持生物活性的生物强化剂，快速、经济地处理传统活性污泥法无法处理的甲醛特征污染物，作为生物前处理工艺[29]。将污水处理系统中厌氧、兼氧和好氧条件不同类型的微生物，引入预处理池，并利用生物固定填料，强化微生物与填料固定[30, 31]，维持预处理池较高的生物量浓度，达到生物强化的作用[32]，利用微生物对污染物的降解及吸附能力[33]，将有生物抑制作用的甲醛特征污染物的浓度从1200~1500mg/L降低到200mg/L以下，甲醛降解率在80%以上。

设计参数：$L \times W \times H$=30m × 10m × 5.5m，有效水深：5m，有效容积：1500m^3。

建筑形式：钢砼结构。

数量：1座。

水力停留时间HRT：3.0d。

配套设备：

（1）潜水推流器，直径：ϕ1800mm，N=4kW，数量：2台。

（2）厌氧提升泵，流量：Q=30m^3/h，扬程：H=32m，功率：N=7.5kW，数量：2台，1用1备。

（3）液碱提升泵：流量：Q=200L/h，扬程：H=60m，功率：N=0.75kW，数量：2台，1用1备。

（4）温度控制器：2台，位于预处理池进口和出口。

（5）pH计：2台，位于预处理池进口和出口。

3.3.4 IC厌氧反应器

主要功能：通过厌氧生物菌的生物降解作用，提高废水的B/C比，难降解的污染物降解为易降解的污染物[25]，易降解的污染物降解为大分子污染物，大分子污染物降解为小分子污染物，小分子污染物在厌氧反应器中通过厌氧生物菌的作用被大幅度地去除，产生沼气，实现有机物的能源化。IC厌氧反应器[34]由第1反应室、第2反应室和气液分离器组成，由2个UASB厌氧反应室垂直串联组成[35]，其中第1反应室为高负荷反应室，第2反应室为低负荷反应室。IC厌氧反应器底部的0~1m为布水区，采用切割线旋转布水器，1~9m为厌氧污泥床区，9~11m为第一层三相分离器。第一层三相分离器上部为第2

反应室，17~19m为沉淀区，19~22m为第二层三相分离器和出水堰[36]。2个反应室和气液分离器用沼气提升上升管和回流下降管相连，IC厌氧反应器顶部装有汽水分离器[37]。外壳用碳钢现场制作，配件部分为PP板成套设备，现场安装。所有的碳钢件内外均进行环氧树脂防腐处理[38]。

设计参数：IC反应器的直径8m，高22.5m，其结构形式是圆柱体型。

单座反应器有效容积：1000m^3。

数量：2座。

有机负荷OLR：1kgCOD/（$m^3 \cdot d$）。

水力停留时间：HRT=4d。

沼气产率：0.4m^3沼气/kgCOD$_{去除}$，最大满负荷产生沼气量为600m^3/d。

单位体积厌氧反应器的沼气产量即为沼气容积产率：0.3m^3沼气/（$m^3 \cdot d$）。

单座IC厌氧反应器内循环流量为10m^3/h，平均1m^3沼气可以提升0.8m^3废水，从而实现内循环[39]。

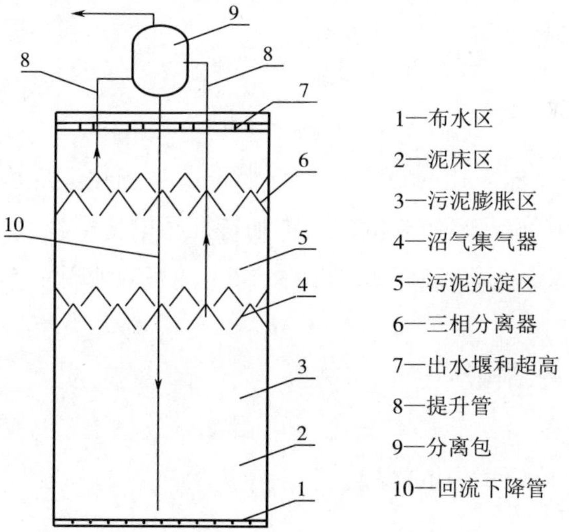

图3-3 IC反应器结构

配套设备：

（1）温度控制器：位于IC反应器进口、中部和出口，每座厌氧反应器为3台温度控制器，合计6台。

（2）pH计：位于IC反应器出口，每座厌氧反应器为1台，合计2台。

3.3.5 厌氧沉淀池

主要功能：厌氧沉淀池起到泥水分离和澄清出水作用[40]，IC厌氧反应器出水进入厌氧沉淀池，避免厌氧污泥的流失，厌氧沉淀池沉淀的污泥通过污泥回流泵有70%回流到IC厌氧反应器，30%进入预处理池[41]。

设计参数：$D \times H = \phi 8m \times 6m$，有效水深：4m，表面积：$50m^2$。

建筑形式：钢结构。

数量：1座。

沉淀时间：3~5h。

表面负荷：$0.6m^3/(m^2 \cdot h)$。

配套设备：

（1）中心传动刮泥机，ZXBX-8，1台，行走速度2.5m/min，N=1.5kW。

（2）污泥回流泵，流量：$Q=30m^3/h$，扬程：H=32m，功率：N=7.5kW，数量：2台，1用1备。

3.3.6 A/O好氧池

主要功能：好氧池采用A/O方式运行[42]，通过驯化适应甲醛废水的好氧微生物来降解废水中的大部分有机污染物和特征污染物甲醛。

设计参数：$L \times W \times H = 20m \times 10m \times 5.5m$，有效水深：5m，有效容积：$1000m^3$。

建筑形式：钢砼结构。

数量：1座。

设计OLR：$0.5kgCOD/(m^3 \cdot d)$。

HRT：2d。

MLSS：5000mg/L。

污泥负荷：F_W=0.1kgCOD/（kg MLSS·d）。

回流比：1~2。

配套设备：

（1）风机，风量：$Q=35m^3/h$，风压：H=6m，功率：N=45kW，数量：2台，

1用1备。

（2）内混合液回流泵，流量：Q=50m^3/h，扬程：H=15m，功率：N=5.5kW，数量：2台，1用1备。

（3）曝气器：曝气形式为微孔曝气，规格是 ϕ215膜片式微孔曝气，总数量为600套。

3.3.7 MBR膜池

主要功能：采用苏州苏科环保科技有限公司住友MBR膜，该膜是浸没式膜组件，在A/O好氧池后设置独立的膜池[43]，A/O好氧池出水经过MBR膜池后，通过膜抽吸泵，将清水从MBR膜中抽出来，污泥截留在膜池，清水达标排放[44]。

设计参数：$L \times W \times H$ =4m×4m×4.5m，有效水深：4m，有效容积：60m^3。

配套设备：

（1）MBR膜，设计膜通量：400L/（m^2·d），组件型号SPMW-12B12，膜材质：PTFE（苏科住友膜），100支，单支膜面积为12m^2。

（2）膜风机，风量：Q=5m^3/h，风压：H=6m，功率：N=5.5kW，数量：2台，1用1备。

（3）膜抽水离心泵，流量：Q=40m^3/h，扬程：H=15m，功率：N=4kW，数量：2台，1用1备。

（4）加药和清洗设备，2套。

3.3.8 污泥浓缩池

主要功能：主要是收集预处理池排放的多余污泥，厌氧沉淀池和MBR膜池特殊时候排放的污泥，同时对上述污泥浓缩和储存。

设计参数：$L \times W \times H$=12m×6m×5m，分2格。

污泥浓缩池固体通量M：20kg/（m^2·d）。

污泥浓缩池采用竖流形式，进水污泥浓度为C_i=6000mg/L，出水污泥浓度为C_e=1000mg/L。

配套设备：

（1）带式压滤机，带宽：2m，1台，泥饼外运固体处置场处置。

（2）污泥泵，流量：Q=40m^3/h，扬程：H=15m，功率：N=4kW，数量：2台，1用1备。

（3）污泥压滤加药设备，2套。

3.4 主要构筑物和主要设备

3.4.1 主要构筑物一览表

中等浓度的甲醛废水处理工艺主要构筑物见表3–3。

表3–3　中等浓度的甲醛废水处理工艺主要构筑物一览表

序号	名称	规格	数量	建筑形式
1	中和调节池	$L \times W \times H$=15m × 10m × 5.5m	1座	钢砼结构
2	事故池	$L \times W \times H$=15m × 10m × 5.5m	1座	钢砼结构
3	预处理池	$L \times W \times H$=30m × 10m × 5.5m	1座	钢砼结构
4	IC厌氧反应器	$D \times H$= ϕ8m × 22.5m	2座	钢结构
5	厌氧沉淀池	$D \times H$= ϕ8m × 6m	1座	钢结构
6	A/O好氧池	$L \times W \times H$=20m × 10m × 5.5m	1座	钢砼结构
7	MBR膜池	$L \times W \times H$=4m × 4m × 4.5m	1座	钢砼结构
8	污泥浓缩池	$L \times W \times H$=12m × 6m × 5m	1座	钢砼结构

3.4.2 主要设备一览表

中等浓度的甲醛废水处理工艺主要设备见表3–4。

表3–4　中等浓度的甲醛废水处理工艺主要设备一览表

序号	名称	规格	数量
1	调节池快速搅拌机	ϕ620mm，N=4kW	2台
2	预处理池提升泵	Q=30m^3/h，H=15m，N=3kW	2台

续表

序号	名称	规格	数量
3	加碱设备	V=15m^3，Q=200L/h，H=60m，N=0.75kW	2台
4	调节池温度控制器	位于调节池进口和出口	2台
5	调节池 pH 计	位于调节池进口和出口	2台
6	事故池快速搅拌机	ϕ620mm，N=4kW	2台
7	事故池提升泵	Q=30m^3/h，H=15m，N=3kW	2台
8	预处理池潜水推流器	ϕ1800mm，N=4kW	2台
9	IC 厌氧反应器提升泵	Q=30m^3/h，H=32m，N=7.5kW	2台
10	预处理池温度控制器	位于预处理池进口和出口	2台
11	预处理池 pH 计	位于预处理池进口和出口	2台
12	预处理池液碱提升泵	Q=200L/h，H=60m，N=0.75kW	2台
13	IC 厌氧反应器温度控制器	IC 反应器进口、中部和出口	6台
14	IC 厌氧反应器预处理池 pH 计	位于 IC 厌氧反应器出口	2台
15	厌氧沉淀池中心传动刮泥机	ZXBX-8	1台
16	厌氧沉淀池污泥回流泵	Q=30m^3/h，H=32m，N=7.5kW	2台
17	风机	Q=35m^3/min，H=6m，N=45kW	2台
18	内混合液回流泵	Q=50m^3/h，H=15m，N=5.5kW	2台
19	曝气器	ϕ215 膜片式微孔曝气器	600套
20	MBR 膜	SPMW-12B12	100支
21	膜风机	Q=5m^3/min，H=6m，N=5.5kW	2台
22	膜抽水离心泵	Q=40m^3/h，H=15m，N=4kW	2台
23	加药和清洗设备	与 MBR 膜配套	2台
24	带式压滤机	带宽：2m	1台
25	污泥泵	Q=40m^3/h，H=15m，N=4kW	2台
26	污泥压滤加药设备	与压滤机配套	2台

3.5 工程研究与讨论

3.5.1 预处理池运行效果分析

3.5.1.1 接种污泥

贵州某污水处理厂设计规模为$10\times10^4m^3/d$，污水处理厂主体工艺为水解池+A/O好氧池，由90%的生活污水和10%的商业污水组成。该厂经过带式压滤机压滤后的污泥，作为本次接种预处理池的污泥。接种污泥的含水率78.0%，其中VSS/TSS为0.75，接种污泥量为$150m^3$，占预处理容积的10%。加入接种污泥后，预处理池中TSS浓度为22000mg/L，VSS浓度为16500mg/L。

3.5.1.2 污泥的驯化与培养

采用复合菌群和固定化载体填料的预处理池[45]，本次启动预处理池的方法是投加接种污泥、升温、进有机底物。预处理池一次性接种污泥完成后，升温至（40±2）℃，预处理池开始进入中等浓度的甲醛废水。将中和调节池出水pH控制在6~6.5。如图3-4所示，中等浓度的甲醛废水进入预处理池，预处理池进水的COD浓度在4400~9500mg/L，平均进水COD浓度为6000mg/L左右，经过预处理池水力停留时间为3d的生物降解，预处理池出水的COD平均浓度为5000mg/L左右，COD去除率在18%左右。

由图3-5中预处理池的进水、出水甲醛与甲醛去除率随时间的变化可知，预处理池进水的甲醛浓度在1100~1650mg/L，在投入接种污泥运行的前20天，经过预处理池水力停留时间为3d的生物降解，预处理池出水的甲醛浓度稳定，出水的甲醛浓度在120~150mg/L。因为是新引入的菌种，菌种对甲醛有一定的耐受性，随着运行的时间延长，出水的甲醛浓度有一定的波动，甲醛去除效果有一定的下降，出水甲醛浓度从120~150mg/L升高到600~700mg/L，甲醛的去除率从90%左右降低到70%左右。

为了解决这一问题，采取了如下措施：

（1）控制预处理池的pH和温度，同时加入一定的生活污水等营养物质，作为废水的调配池和配水池。

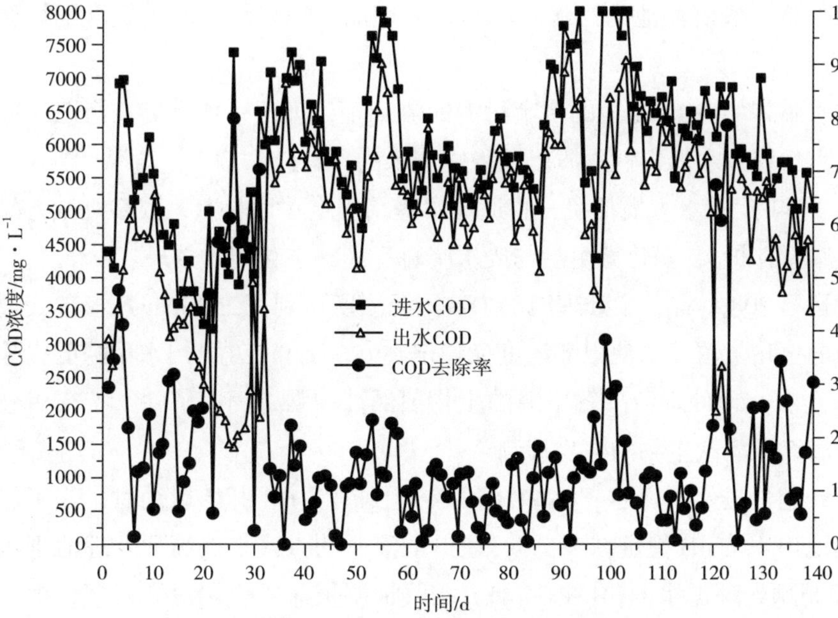

图3-4 预处理池进水、出水COD与COD去除率随时间的变化图

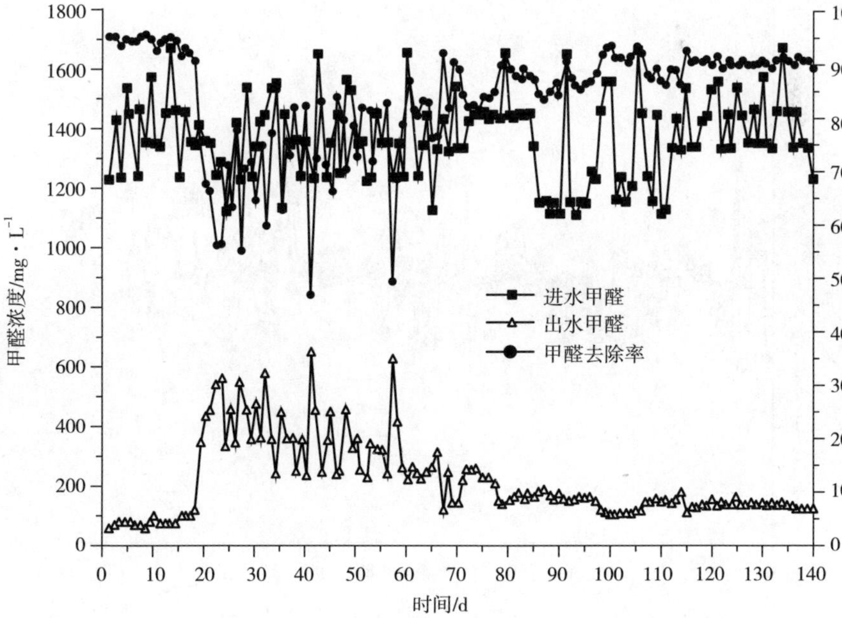

图3-5 预处理池进水、出水甲醛与甲醛去除率随时间的变化图

（2）将厌氧沉淀池的污泥回流至预处理池，提高废水的厌氧可生物降解能力。

（3）将好氧MBR膜池的多余污泥回流到预处理池，依靠剩余污泥的快速吸附能力稀释废水的毒性物质以及稳定废水的pH等。

（4）24h运行水力搅拌机，将适应甲醛菌固定在填料上，依靠机械力的作用（潜水搅拌机），强化微生物与废水降解反应，强化传质效果。

到运行70d左右，预处理池的TSS污泥浓度达到了25000mg/L，预处理池有较高的生物量浓度，使甲醛浓度又稳定在120~150mg/L，出水甲醛的去除率在90%左右，预处理池降解甲醛的生物菌活性增强，因而解除了特征污染物甲醛对后续厌氧微生物的生物抑制[46]。

预处理池进水、出水pH随时间的变化见图3-6，开始启动时，为了保持预处理池出水的pH稳定在7~7.5，通过加液碱的方式来提高预处理池进水的pH，控制预处理进水的pH在6~6.5。实践证明依靠厌氧污泥和好氧污泥定期排至预处理池，逐渐驯化微生物适应在甲醛浓度下生长，对稳定预处理池降解甲醛效果起到了重要的作用[47]。

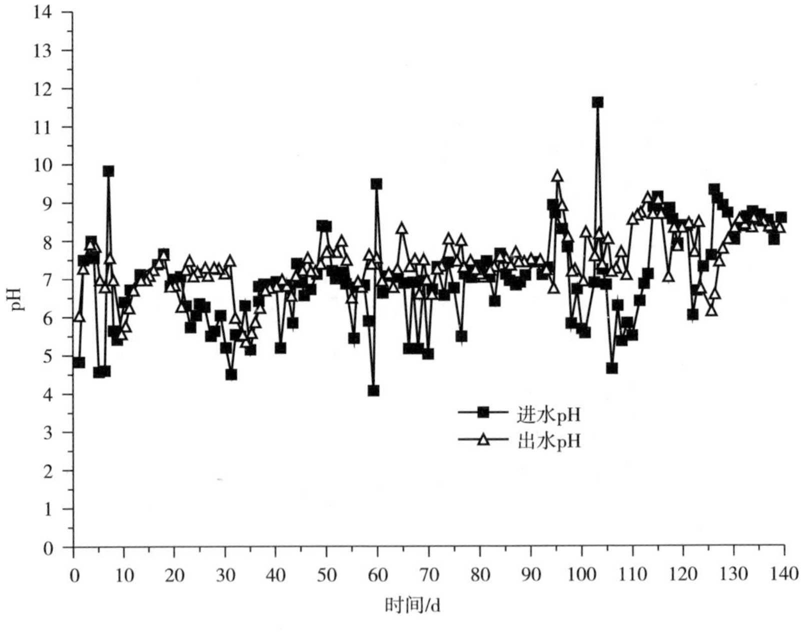

图3-6　预处理池进水、出水pH随时间的变化图

图3-7　预处理池现场图

3.5.2　IC厌氧反应器运行效果分析

接种IC厌氧反应器的污泥与预处理池的污泥性质是相同的，接种污泥完成后，IC厌氧反应器中TSS浓度为71000mg/L，VSS浓度为53000mg/L。IC厌氧反应器进水、出水COD与COD去除率随时间的变化见图3-8，IC厌氧反应器进水COD为4000~6000mg/L，平均厌氧进水的COD在5000mg/L左右，经过IC厌氧反应器中HRT为4d，厌氧出水COD从2000mg/L降低到700mg/L，并稳定在600~800mg/L，厌氧的COD去除率在80%以上。图3-9说明了IC厌氧反应器进水的甲醛浓度在110~150mg/L，经过厌氧生物菌的降解，降解甲醛的生物菌活性增加，厌氧出水的甲醛浓度在10mg/L以下，并稳定在4~6mg/L，甲醛的去除率在95%左右。有文献报道，采用UASB反应器处理含有高浓度甲醛的丙烯酸及丙烯酸酯生产废水的稀释液时[48]，UASB厌氧反应器进水COD和甲醛浓度分别为1896.9mg/L和139.9mg/L，出水浓度分别低于93.2mg/L和11.4mg/L。

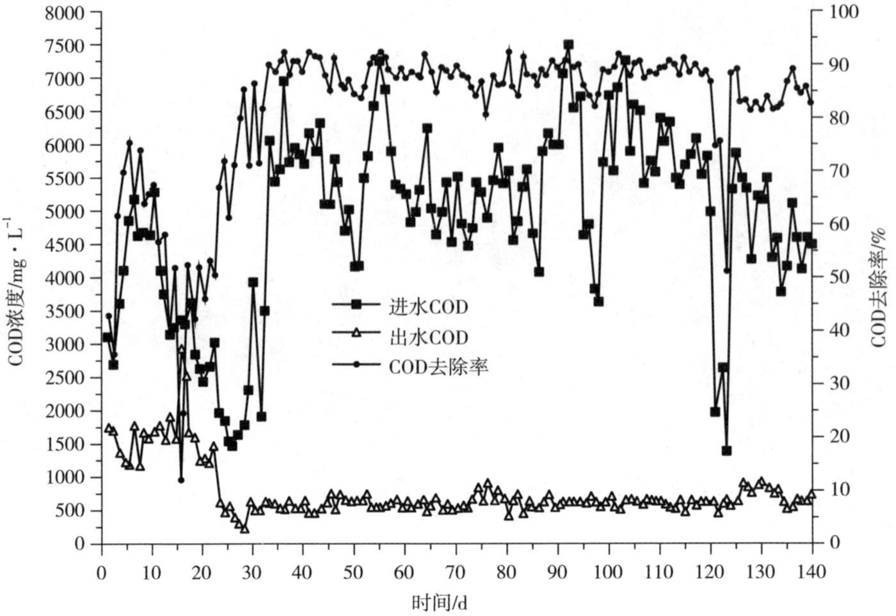

图3-8 IC厌氧反应器进水、出水COD与COD去除率随时间的变化图

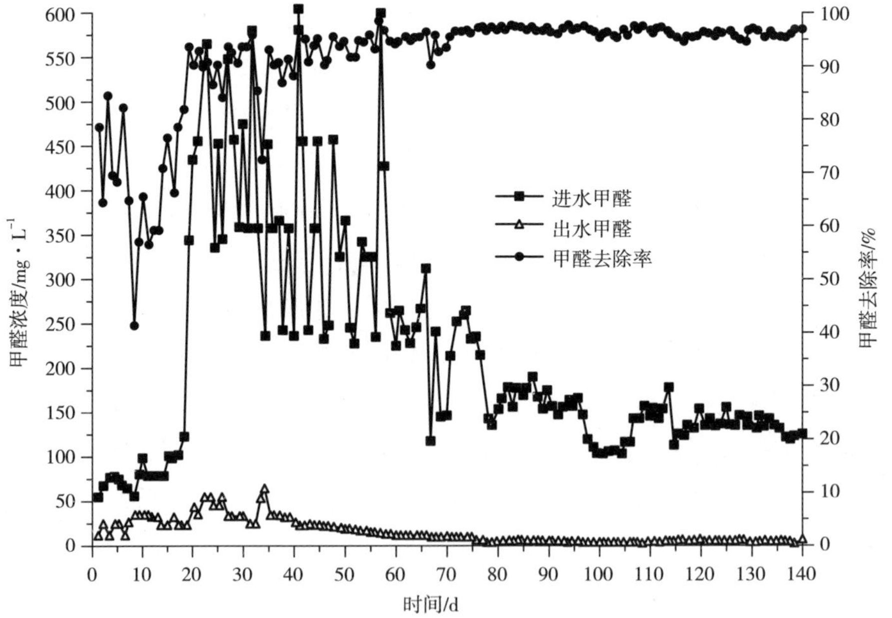

图3-9 IC厌氧反应器进水、出水甲醛与甲醛去除率随时间的变化图

厌氧反应器应有充足的缓冲能力[49]，以中和多余的或是积累的VFA（挥发性脂肪酸，volatile fatty acid），从而避免酸化，达到防止VFA积聚在厌氧反应区的问题[50]。高VFA浓度影响了产甲烷菌的生物活性，而且影响作用非常大，容易降低产甲烷菌的生物活性[51]。在厌氧处理过程中，废水中的复杂有机物或蛋白质等被降解为氨氮、CO_2和水，而容易导致碱度的增加[52]。在反应器中进水碱度低的情况下，pH的降低很容易使VFA浓度升高，从而导致VFA的积累[53]，因此VFA与碱度的比率应该作为评价厌氧稳定性的一个指标[54]，以此来比较酸化菌和甲烷菌的平衡性。大部分细菌，例如水解细菌和酸化细菌，适合它们生长的pH在5.0~8.5。甲烷菌在厌氧环境下，适合稳定生长的pH为6.5~7.8，甲烷菌对pH的变化非常敏感，而且非常脆弱，厌氧反应器的缓冲性很容易被pH所控制，因而VFA与碱度的比率是厌氧系统的一个关键指标[55]。如果缓冲性不能有效地控制，VFA将严重地影响pH，因而通过调整碱度来维持合适的pH是一个有效的方法[56]。图3-10说明了IC厌氧反应器进水的pH在7.4左右，经过厌氧生物菌的生物降解，出水的pH有了一定的提高，稳定在7.6左右，这样的pH是适合甲烷菌生长的，因此反应器没有VFA的积累[57]。

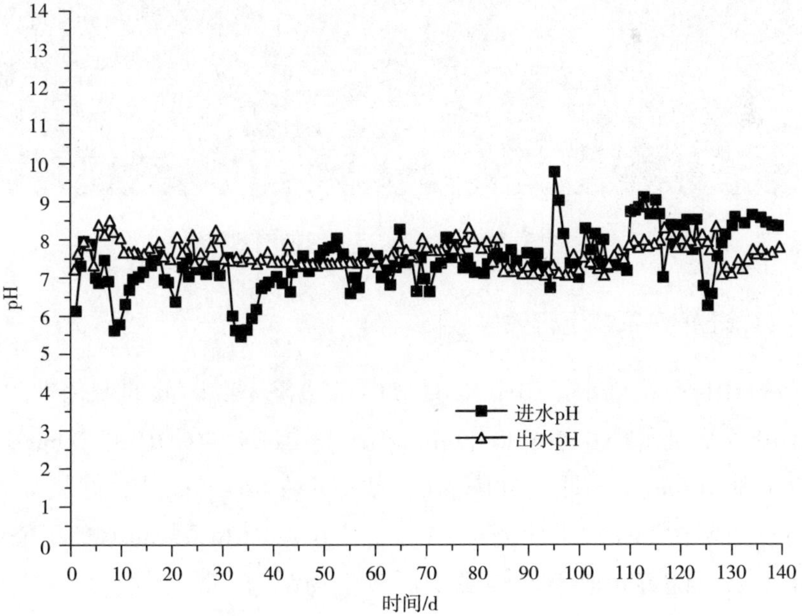

图3-10　IC厌氧反应器进水、出水pH随时间的变化图

IC厌氧反应器出水的碱度，平均值在800mg/L左右（以$CaCO_3$计），不同的废水的碱度是不一样的，此厌氧出水的碱度一直比较稳定。出水的VFA在160mg/L左右（以乙酸计），一般厌氧的出水VFA波动不大。因而，VFA/碱度的比率为0.2，均低于文献报道的建议限值（0.3~0.4）[58]，通常认为厌氧系统没有酸化[59]，这也说明了IC厌氧反应器运行非常稳定。IC厌氧反应器现场如图3-11所示。

图3-11　IC厌氧反应器现场图

3.5.3　好氧MBR系统运行效果分析

好氧MBR系统进水、出水COD与COD去除率随时间的变化见图3-12，好氧MBR系统进水COD在600~800mg/L，平均进水的COD在700mg/L左右，出水COD从700mg/L降低到100mg/L，并稳定在80~90mg/L，好氧MBR系统的COD去除率在85%以上。图3-13说明了好氧MBR系统进水的甲醛浓度从50mg/L左右，随着IC厌氧反应器中厌氧生物菌的活性增加，导致厌氧出水的甲醛浓度逐渐降低到5mg/L以下，从而出现好氧MBR膜系统的进水甲醛浓度也逐渐降低，好氧MBR膜系统出水的甲醛浓度在1mg/L以下，并稳定在

0.6~0.8mg/L，甲醛的去除率在85%左右。废水中的COD浓度和甲醛浓度均达到了排放标准。

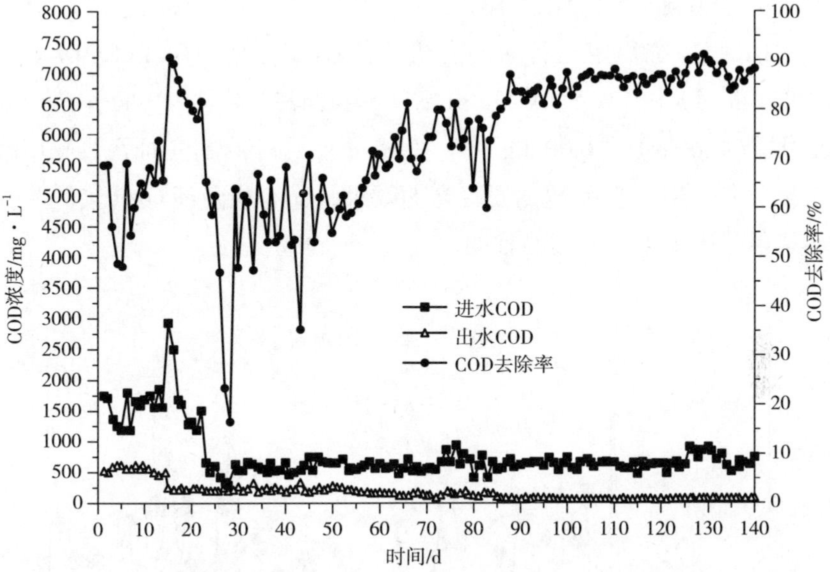

图3-12　好氧MBR系统进水、出水COD与COD去除率随时间的变化图

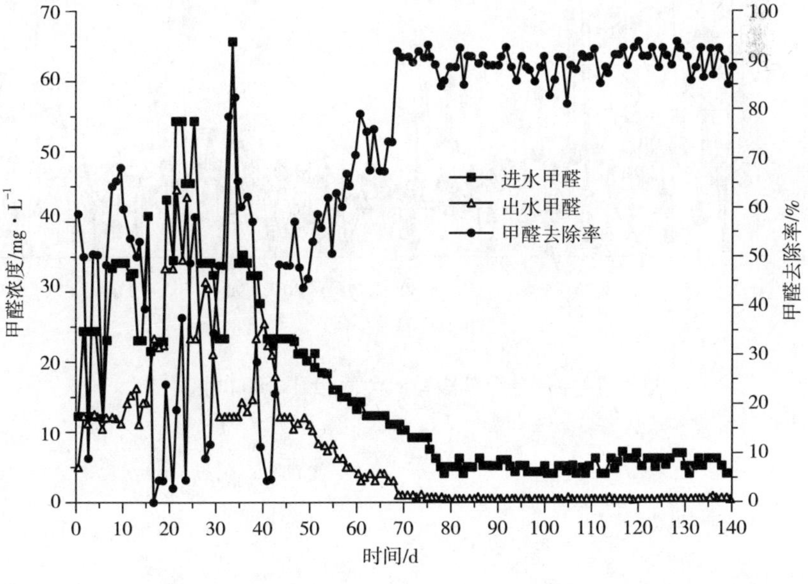

图3-13　好氧MBR系统进水、出水甲醛与甲醛去除率随时间的变化图

3.5.4 工艺系统中COD和甲醛有机负荷OLR分析

预处理池、IC厌氧反应器和好氧MBR膜系统的三个工艺段有机负荷OLR和甲醛负荷FLR随时间变化见图3-14和图3-15。预处理池、IC厌氧反应器和好氧MBR膜系统稳定运行时的有机负荷OLR分别为0.2kgCOD/（m^3·d）、0.9kgCOD/（m^3·d）和0.3kgCOD/（m^3·d），甲醛负荷FLR分别为0.4kg甲醛/（m^3·d）、0.03kg甲醛/（m^3·d）和0.002kg甲醛/（m^3·d）。由于含有特征污染物甲醛，而且各个工艺段对甲醛负荷达到了较高的效果，而有机负荷OLR较低[60]，这也就说明了甲醛废水生物处理的难度。

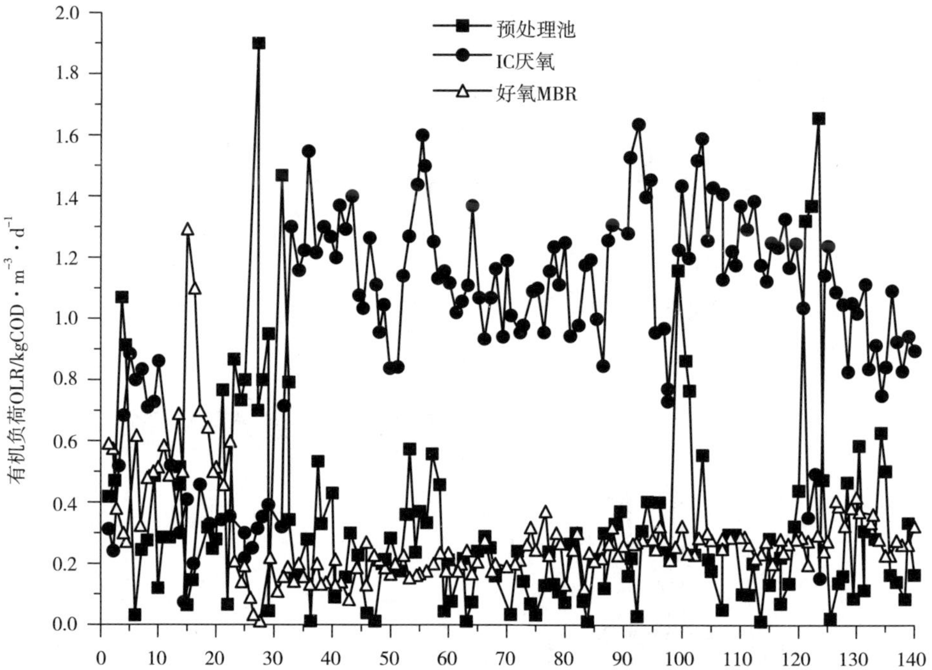

图3-14 各个工艺段有机负荷OLR随时间变化图

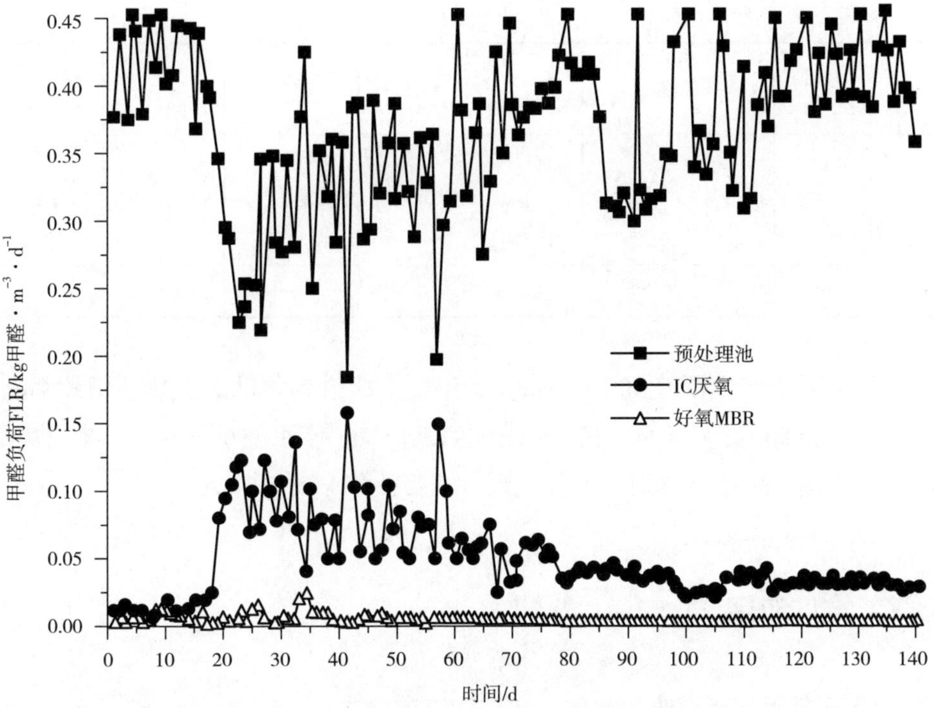

图3-15 各个工艺段甲醛负荷FLR随时间变化图

3.6 经济效益情况分析

药剂费、人工费和电费三者构成了污水处理系统的直接运行费用，废水处理运行费用分析见表3-5，其中药剂费约为0.09元/m^3废水、人工费约为1.60元/m^3废水和电费约为4.49元/m^3废水，合计直接运行费用约为6.18元/m^3废水。

表3-5 废水处理运行费用分析表

序号	项目	名称	用途	单价	每m^3废水用量	每m^3废水运行费
1	药剂费	30%液体NaOH	原废水加碱调节pH	1.07元/kg	0.08kg	0.09
2	人工费	班长、操作工和化验员	班长1人、操作工3人、化验员2人	4000元/每人每月	—	1.60

续表

序号	项目	名称	用途	单价	每 m^3 废水用量	每 m^3 废水运行费
3	电费	设备	总运行功率约为110kW，平均电价0.85kW·h/元	2640kW·h/d	5.28kW·h	4.49
4	合计		—	—	—	6.18

厌氧系统产生沼气500~600m^3/d，沼气直接去锅炉助燃，热利用效率高，沼气效益为500~600元/d，相当于1.00~1.20元/m^3废水的沼气效益，抵去废水处理系统的直接运行费用，即每吨废水需要补贴4.98~5.18元。

3.7 推广应用

3.7.1 三羟甲基丙烷废水水质、水量和排放要求

以正丁醛、甲醛为主要原料，以$Ca(OH)_2$为强化剂，生产三羟甲基丙烷。本研究以常州某化工厂为例，该厂产生的废水水质情况见表3-6。设计规模为500m^3/d。废水排放标准是《污水综合排放标准》(GB 8978—1996)的三级标准，其中主要指标是COD和甲醛分别小于500mg/L和小于5mg/L。

表3-6　　三羟甲基丙烷废水水质情况表

项目	单位	数值	均值
COD	mg/L	3500~4000	3750 ± 250
甲醛	mg/L	1000~1200	1100 ± 100
NH_3-N	mg/L	4~8	6 ± 2
TN	mg/L	5~10	7.5 ± 2.5
TP	mg/L	1~2	1.5 ± 0.5
SS	mg/L	300~500	400 ± 100
pH	—	4~5	4.5 ± 0.5
电导率	μS/cm	1000~1200	1100 ± 100

3.7.2 废水处理的工艺流程

图3-16展示了三羟甲基丙烷废水处理工艺路线图，三羟甲基丙烷生产废水通过车间管道自流入中和调节池，废水在调节池进水口加液碱调节pH至6~6.5、控制温度在40℃左右[30]。经过调节后的污水通过提升泵泵入预处理池，预处理池主要是去除甲醛和调整废水的pH到7~7.5[61]。预处理池出水通过泵打入厌氧反应器，厌氧反应器的形式是上流式污泥床厌氧UASB反应器形式，为了防止厌氧菌流失，而在厌氧反应器后端设置厌氧沉淀池[62]。厌氧出水经过厌氧沉淀池进行泥水分离后，清水自流入深井曝气池，深井曝气池出水自流入二沉池进行泥水分离，泥水分离后的清水排至市政管道。厌氧沉淀池沉淀的污泥有70%回流到厌氧反应器，补充厌氧反应器的生物量浓度，同时将30%多余的污泥进入预处理池，提高预处理池的TSS浓度。二沉池的污泥中有60%回流到深井曝气池，维持深井曝气池的生物量浓度，40%剩余活性污泥进入预处理池，丰富预处理池的生物菌群种类和生物多样性，强化预处理池的生物效果。预处理池多余的污泥排至污泥浓缩池，起到新陈代谢作用，污泥浓缩池的污泥进行压滤处理与处置。

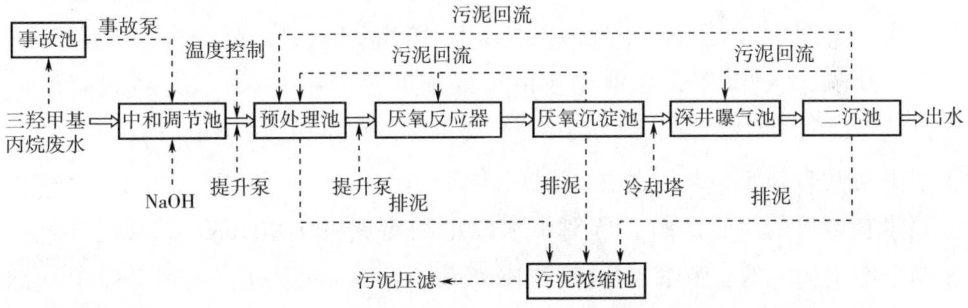

图3-16 三羟甲基丙烷废水处理工艺路线图

3.7.3 运行状况

（1）经过预处理池三羟甲基丙烷废水，进水中甲醛浓度从1200mg/L左右通过预处理池复合生物菌群将甲醛浓度降解到150mg/L，甲醛的去除率在85%以上，COD浓度从4000mg/L降至2000mg/L，COD去除率在50%左右。

（2）经过厌氧反应器和厌氧沉淀池处理后，进水中甲醛浓度从150mg/L左右通过厌氧生物菌群降低到10mg/L，COD浓度从2000mg/L降至1000mg/L。

（3）经过深井曝气池和二沉池处理后，进水中甲醛浓度从10mg/L左右通过好氧生物菌群降低到5mg/L以下，COD浓度从1000mg/L降至400mg/L以下，实现了COD和甲醛指标达标排放。

3.8 小结

本章研究了采用预处理+厌氧+好氧为主的生物法工艺处理含中等甲醛浓度的季戊四醇废水，并将此工艺应用在三羟甲基丙烷废水，实现了中等浓度甲醛废水的达标排放，并得出以下主要结论：

（1）对于中等浓度的甲醛废水，在预处理池进水甲醛浓度1100~1650mg/L，通过复合菌群和固定化载体填料的作用，将甲醛降解到120~150mg/L，甲醛的去除率在90%左右。预处理池平均进水COD浓度为6000mg/L左右，经过预处理池水力停留时间为3d的生物降解，预处理池出水的COD平均浓度为5000mg/L左右，COD去除率在18%左右。

（2）经过预处理的废水在IC厌氧反应器和好氧MBR膜系统继续生物降解，IC厌氧反应器进水的甲醛浓度在110~150mg/L，经过IC厌氧反应器HRT为3d的厌氧生物降解，厌氧出水的甲醛浓度稳定在4~6mg/L，经过好氧池HRT为2d好氧生物降解，好氧MBR系统出水的甲醛浓度在1mg/L以下，实现了甲醛的达标排放。IC厌氧反应器平均进水的COD在5000mg/L左右，经过厌氧生物菌群的生物降解，厌氧出水COD稳定在600~800mg/L，通过好氧生物菌群的生物降解，好氧MBR系统出水稳定在80~90mg/L，实现了COD达标排放。

（3）采用预处理池+IC厌氧反应器+好氧MBR膜为主的组合工艺，实现了中等浓度甲醛废水的直接达标排放，成功地解决了季戊四醇行业的废水处理问题，并将此技术应用在三羟甲基丙烷行业。

4 预处理+UASB厌氧+好氧工艺处理中等浓度甲醛废水的工艺设计

某企业以甲醇为原料，采用电解银催化法生产37%甲醛；再以甲醛为原料，在碱性的条件下，与乙醛发生缩合反应和歧化反应生产季戊四醇，产能为2万吨/年，因该园区对接管企业排水的TDS（总溶解固体，total dissolved solids）要求较高，在废水处理过程中，尽量避免或减少投加混凝剂、絮凝剂以及酸碱类物质，以降低达标排放出水的TDS浓度。

笔者采用预处理+UASB厌氧+好氧为主的工艺，研究生物法处理1200~1500mg/L的中等浓度甲醛废水，达到接管标准。研究目的如下：①确定工艺路线和技术参数；②分析工艺的运行费用和处理效果，形成中等浓度甲醛废水技术和装备。

4.1 设计条件

4.1.1 设计水量、水质

根据企业提供的资料，废水的水质水量见表4-1。

表4-1 废水水质、水量情况表

序号	水量/（m^3/d）	水质指标（pH无量纲，其他单位mg/L）					
		pH	COD	BOD_5	SS	甲醛	TDS
1	400	3~4	7000	3000	500	1200	800

4.1.2 排放标准

污水处理排放标准如表4–2所示。

表4–2 污水处理排放标准

序号	项目名称	单位	标准值	参照标准
1	pH	—	6~9	《污水综合排放》（GB 8978–1996）三级标准
2	SS	mg/L	400	
3	COD	mg/L	500	
4	BOD_5	mg/L	300	
5	石油类	mg/L	20	
6	动植物油	mg/L	100	
7	总溶解性总固体 TDS	mg/L	1000	
8	氨氮	mg/L	45	《污水排入城镇下水道水质标准》（GB/T 31962–2015）A 级
9	总氮	mg/L	70	
10	色度	倍	64	
11	甲醛	mg/L	1	《石油化学工业污染物排放标准》（GB 31571–2015）

4.2 污水处理站工艺路线

4.2.1 工艺路线

采用的工艺流程见图4–1。

4.2.2 工艺流程说明

废水通过车间管道自流入中和调节池，废水进入调节池后，直接加液碱调节pH至6~6.5，控制温度在40℃左右（35~38℃最佳，不宜超过40℃），然后调节废水的水质和水量。经过调节后的废水通过提升泵泵入预处理池，预处理池主要是去除甲醛以及将废水的pH调至7~7.5（利用二沉池污泥回流调节

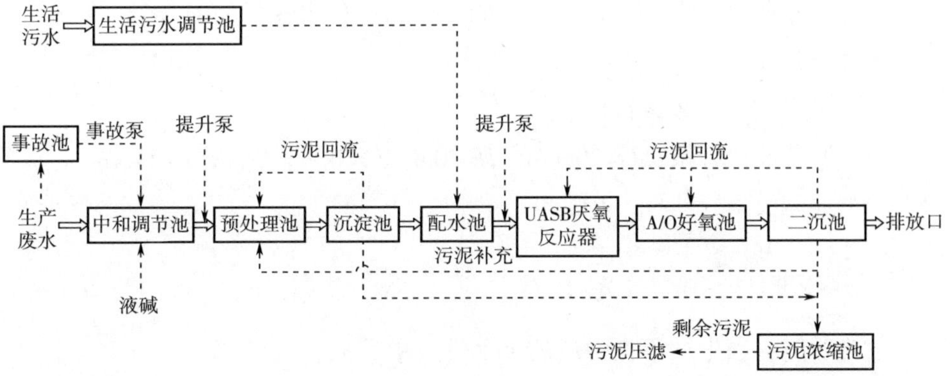

图4-1 废水处理工艺流程图

pH，最好不加酸碱，竭力减少酸碱）。预处理池出水通过泵打入UASB厌氧反应器，通过厌氧生物菌的生物降解作用，提高废水的B/C比，难降解的污染物降解为易降解的污染物[25]，易降解的污染物降解为大分子污染物，大分子污染物降解为小分子污染物，小分子污染物在厌氧反应器中通过厌氧生物菌的作用被大幅度地去除，产生沼气，实现有机物的能源化。厌氧清水自流入A/O好氧池，好氧池出水进入二沉池，二沉池的污泥中有80%回流到好氧池，维持曝气池的生物量浓度，20%剩余活性污泥进入预处理池，丰富预处理的生物菌群种类和生物多样性，强化预处理池的生物效果。预处理池多余的污泥排至污泥浓缩池，起到新陈代谢作用，对污泥浓缩池的污泥进行压滤处理与处置。

4.3 工艺设计

4.3.1 中和调节池

主要功能：通过在中和调节池加液碱，调节季戊四醇废水的pH至6~6.5，控制调节池的废水温度在40℃左右，中和调节池起到调节季戊四醇废水的水质和水量的作用。

主要设计参数：

设计尺寸：$L \times W \times H$=16.7m × 8.2m × 6.0m，有效容积650m^3。

配套设备：

（1）曝气系统，数量：1套。

（2）调节池提升泵：Q=20m^3/h，H=20m，N=3kW，2台，1用1备。

（3）加碱设备：非标，1套。

4.3.2 事故池

主要功能：当生产不正常后的废水进入事故池。

主要设计参数：

设计尺寸：$L \times W \times H$=27m × 20.3m × 4.8m，容积2200m^3。

配套设备：事故提升泵，Q=20m^3/h，H=20m，N=3kW，2台，1用1备。

4.3.3 检修池

主要功能：检修废水和地面冲洗废水进入检修池。

主要设计参数：

设计尺寸：$L \times W \times H$=10m × 5m × 4.8m，容积190m^3。

配套设备：提升泵，Q=20m^3/h，H=20m，N=3kW，2台，1用1备。

4.3.4 雨水收集池

主要功能：收集初期雨水。

主要设计尺寸：

设计尺寸：$L \times W \times H$=15m × 10m × 4.8m，容积600m^3。

配套设备：雨水提升泵，Q=20m^3/h，H=20m，N=3kW，2台，1用1备。

4.3.5 预处理池

主要功能：含生物毒性的中等浓度甲醛废水，利用经过驯化成熟、特殊的微生物菌群，附着在固定生物载体上，结合特定的工艺运行参数，并加入维持生物活性的生物强化剂，快速、经济地处理传统活性污泥法无法处理的甲醛特征污染物，作为生物前处理工艺。将污水处理系统中厌氧、兼氧和好氧条件不同类型的微生物，引入预处理池，并利用生物固定填料，强化微生物与填料固定，维持预处理池较高的生物量浓度，达到生物强化的作用，利用微生物对污染物的降解及吸附能力，将有生物抑制作用的甲醛特征污染物的浓度从1200~1500mg/L降至150mg/L以下，甲醛降解率在90%以上。

主要设计参数：

设计尺寸：$L \times W \times H$=24m × 10m × 6.0m，有效水深：5.0m。

单座容积：1200m^3。

反应时间：3d。

建筑形式：钢砼结构。

配套设备：

（1）低速推流器，叶轮直径：1.8m，功率：N=4kW，数量：4台。

（2）填料和填料支架，2套。

（3）温度控制器：2台，位于预处理池进口和出口。

（4）pH计：2台，位于预处理池进口和出口。

4.3.6 初沉池

主要功能：沉淀预处理池的出水，泥水分离，澄清出水。

主要设计参数：

设计尺寸：$L \times W \times H$=5.0m × 5.0m × 6m，1座。

有效水深：4.0m。

表面负荷：0.50m^3/（m^2·h）。

沉淀时间：4h。

建筑形式：半地上半地下式钢砼结构。

配套设备：

（1）排泥泵：Q=20m^3/h，H=20m，N=4kW，2台，1用1备。

（2）刮泥机：ZXGN-5.0，1台，过流部件不锈钢。

4.3.7 配水池

主要功能：控温、调配水质。

主要设计参数：

设计尺寸：$L \times W \times H$=5.0m × 5.0m × 6m，1座。

有效水深：4.0m。

建筑形式：半地上半地下式钢砼结构。

配套设备：

（1）厌氧提升泵：Q=20m^3/h，H=32m，N=5.5kW，2台，1用1备。

（2）搅拌机，DN302，N=3kW，1台。

4.3.8 UASB厌氧反应器

主要功能：根据同类废水水质及其厌氧实际工程情况，采用厌氧反应器处理该类废水。厌氧反应器采用发明专利和成熟技术，针对季戊四醇废水情况优化设计，减轻后续处理的负担，减少污泥产量。

主要设计参数：

设计尺寸：$D \times H = \phi$ 11m × 18.0m，1座，有效容积V=1600m^3。

停留时间：4d。

运行温度：35~38℃。

材质：钢结构，内部防腐。

配套设备：

（1）进水配水器和布水器：PVC材质，非标，1套。

（2）苏沃特专有三相分离器：304+PP板，非标，2套。

（3）苏沃特专有集气箱：304+PP板，非标，1套。

（4）水封：$D \times H = \phi$ 1.2m × 1.5m，304，1套。

（5）厌氧塔筒体：$D \times H = \phi$ 11m × 18.0m，Q235，环氧沥青防腐。

（6）温度计，1台。

（7）厌氧塔循环泵：Q=50m^3/h，H=15m，N=5.5kW，2台，1用1备，耐腐蚀自吸式。

（8）电磁流量计，2台。

4.3.9 A/O好氧生化

主要功能：采用A/O好氧方式运转，降解废水中的大部分有机污染物，进行脱氮除磷，可以快速吸附、稀释进水端的有机物质，具有污泥产率低，排泥量少，去除效果好，操作简单等优点。

主要设计参数：

设计尺寸：$L \times W \times H$=23m × 23.2m × 6m，有效水深：5m。

有效容积：2500m^3。

反应时间：6d。

建筑形式：半地上半地下式钢砼结构。

数量：3廊道，1组，1座。

配套设备：

（1）风机，风量：45m^3/min，风压：6m，功率：75kW，数量：2台，1用1备。

（2）混合液回流泵，Q=20m^3/h，H=20m，N=3kW，2台，1用1备。

（3）好氧池可提升曝气器，规格：ϕ67mm × 750mm，4个，数量：10套。

（4）好氧池配气管，材质：304管，DN32，10套。

4.3.10 二沉池

主要功能：沉淀好氧池的出水，泥水分离，澄清出水。

主要设计参数：

设计尺寸：$L \times W \times H$=5.0m × 5.0m × 6m，1座。

有效水深：4.0m。

表面负荷：0.50m^3/（$m^2 \cdot h$）。

沉淀时间：4h。

建筑形式：半地上半地下式钢砼结构。

配套设备：

（1）排泥泵：Q=20m^3/h，H=20m，N=4kW，2台，1用1备。

（2）刮泥机：ZXGN-5.0，1台，水下不锈钢。

4.3.11 清水池

主要功能：收集清水、达标排放。

主要设计参数：

设计尺寸：$L \times W \times H$=5.0m × 4.5m × 6m，1座。

建筑形式：半地上半地下式钢砼结构。

配套设备：提升泵：Q=20m^3/h，H=20m，N=4kW，2台，1用1备。

4.3.12 污泥处理系统

主要功能：剩余污泥储存，污泥压滤。

主要设计参数：

污泥池

设计尺寸：$L \times H \times W$=6.6m × 5.0m × 5.5m，1座。

建筑形式：钢砼结构。

配套设备：

（1）污泥池曝气搅拌系统，非标，304/UPVC，数量：1套。

（2）板框压滤机，120m^2，数量：1台。

（3）隔膜泵，数量：2台。

（4）压榨水系统，数量：1套。

（5）全自动加药设备，数量：1套。

压缩空气由厂区集中提供，气量为1m^3/min，0.6MPa。

4.3.13 除臭

主要组成：除臭系统由除臭主体设备、风机、循环水系统、排污系统和电气自控系统组成。

采用的工艺路线为化学药剂和生物除臭的方式进行，其中化学药剂法是利用化学药剂（NaOH或H_2O_2或NaClO）等与H_2S、NH_3等无机类致臭成分进行不可逆的化学反应生成新的无臭物质，将药液通过洗涤塔与恶臭气体相接触，从而发生反应，去除恶臭物质。治理后的气体排放浓度执行《恶臭污染物排放标准》（GB 14554—1993）15m烟囱集中排放标准和厂界二级排放要求。

配套设备：

（1）立式碱洗塔，1座，2级喷淋。

（2）立式生物/双氧水洗塔，1座，2级喷淋。

（3）玻璃钢离心风机：Q=5000m^3/h，P=2500Pa，N=7.5kW，1套。

（4）PP管道及支架。

4.3.14 附属用房

综合房：设计尺寸为：$L \times W \times H$=35m × 5.5m × 4.5m，主要是药剂、化验

室、污泥脱水和操作间，建筑形式：框架结构。

4.4　污水处理运行成本分析

4.4.1　设备电耗

设备总装机功率约为160kW，其中24h开机功率约为80kW，电耗约为11.3kW·h/t水，电价按0.45元/度计算，电费为5.10元/t水。

4.4.2　药剂费用

污水处理的药剂费包括液碱和污泥压滤等，根据同类工程的实际运行情况，一般3.00元/t水。

4.4.3　人工成本

劳动定员4人，人员工资按平均人员5万元/年计算，吨水费用约1.8元/t水。

4.4.4　直接运行费用合计

直接运行费用=电费+药剂费+人工费=5.10+3.0+1.8=9.90元/m^3废水，全年按照85万元计算。

4.5　主要构筑物去除效率指标

废水处理去除率如表4-3所示。

表4-3　　废水处理去除率表

序号	处理单元	类别	主要水质项目		
			COD/（mg/L）	甲醛/（mg/L）	TDS/（mg/L）
1	废水调节池	混合水质	≤ 7000	≤ 1500	＜ 800

续表

序号	处理单元	类别	主要水质项目		
			COD/(mg/L)	甲醛/(mg/L)	TDS/(mg/L)
2	中和调节和预处理池	进水	≤7000	≤1500	<800
		出水	≤5000	≤150	<1000
		去除率/%	≥30	≥90	—
3	UASB厌氧塔	进水	≤5000	≤150	<1000
		出水	≤2500	≤15	<1000
		去除率/%	≥50	≥90	—
4	A/O式好氧池和二沉池	进水	≤2500	≤15	<1000
		出水	≤400	≤1	<1000
		去除率/%	≥90	≥94	—
5	排放标准	—	<500	≤1	<1000

4.6 小结

采用预处理+UASB厌氧塔+好氧为主的生物法工艺处理含中等甲醛浓度的季戊四醇废水，实现了中等浓度甲醛废水的间接达标排放，并得出以下主要结论：

1. 采用预处理池+UASB厌氧塔+好氧为主的组合工艺，实现了中等浓度甲醛废水达到间接排放标准和园区排放标准，成功地解决了该企业的废水处理问题。

2. 以预处理的HRT为3d、UASB厌氧塔的HRT为4d和好氧池的HRT为6d，经过较长时间的生物处理，实现甲醛、COD等污染指标全部达标。

3. 中等甲醛浓度的废水原水的TDS在600~800mg/L，经过中和调节池加液碱和预处理后TDS在800~1000mg/L，通过二沉池污泥回流至预处理池，补充生物量和提高废水的pH，经过厌氧和好氧生物处理后，TDS<1000mg/L，实现TDS的间接达标排放至园区污水处理厂。

5 预处理+EGSB厌氧+CASS工艺处理中等浓度甲醛废水的工程研究

某化工有限公司以甲醛、乙醛、氢氧化钠为原料，年产20000t季戊四醇，具有较好的经济效益。生产过程中产生的季戊四醇废水，具有COD浓度高（约5000mg/L）、甲醛含量高（800~1000mg/L）、营养物质缺乏、毒性大等特点，属于高浓度有毒有害废水，设计水量为350m^3/d。

笔者采用预处理+EGSB厌氧+CASS为主的工艺，研究生物法处理1200~1500mg/L的中等浓度甲醛废水，达到直接排放标准。研究目的如下：①介绍详细的工艺路线和技术参数；②分析工艺的运行费用和处理效果，形成中等浓度甲醛废水技术和装备。

5.1 设计进、出水水质

进出水水质（月平均值）要求见表5-1。

表5-1　　设计进、出水水质　　单位：mg/L

项目	COD	BOD	甲醛	pH	温度/℃
进水水质	5000	1500	1200	3~4	25~45
出水水质	＜100	＜75	＜1	6~9	—

5.2 工艺流程及说明

5.2.1 工艺流程

季戊四醇废水处理工艺流程见图5-1。

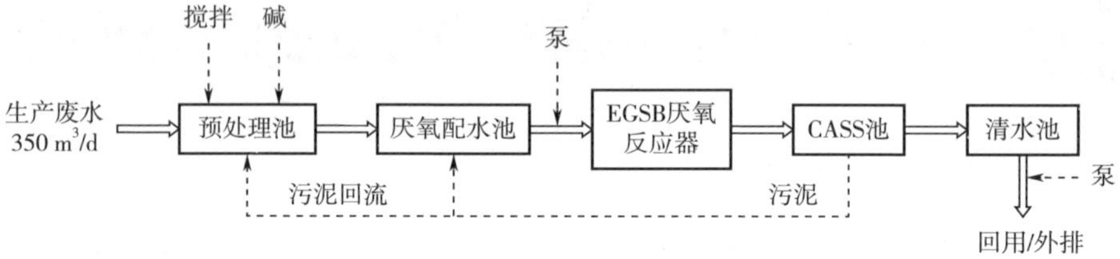

图5-1 季戊四醇废水处理工艺流程图

5.2.2 工艺流程说明

生产废水首先进入预处理池，预酸化废水，提高废水的可生化性，控温35~40℃，最高温度不超过55℃，超过则需要考虑在车间进行降温后排放，控制预处理的pH在5~6，加生活污水等营养物质，同时将CASS池多余的污泥补充到预处理池中，提高预处理池的污泥浓度，依靠搅拌强化预处理的传质效果，加大污泥回配比例，减少液碱用量，减少盐类对系统的影响。当预处理池的pH达不到此要求时，再加液碱微调pH。预处理池出水进入沉淀池泥水分离，清水进入厌氧配水池。

在厌氧配水池内控制废水温度在35~38℃。同时控制厌氧塔出水回流比例，降低夏季厌氧进水温度，部分厌氧出水回流至厌氧配水池，还可以减少碱投加量，提高污水可生化性。厌氧配水池出水泵入EGSB厌氧反应器。在EGSB厌氧反应器内废水中大分子污染物变成小分子污染物、难降解的污染物变成易降解的污染物，有机物在厌氧反应器中被大幅度去除，产生沼气。冬季气温下降，通过控制厌氧配水池温度，保证厌氧反应器的温度在35℃以上。

厌氧出水进入好氧池，好氧池采用CASS工艺。经过进水、曝气、沉淀、滗水四个过程进一步去除废水中的污染物。通过定期排放剩余的污泥控制好氧池内污泥浓度。CASS好氧池出水进入清水池，然后回用或外排。

5.3 各构筑物设计

5.3.1 预处理池

主要功能：依靠填料与污泥的强制搅拌，菌种降解甲醛。

设计尺寸：$D \times H = \phi\, 18m \times 4.0m$，1座，有效液位：3.5m，有效容积：1000$m^3$。

停留时间：3d。

建筑形式：钢筋混凝土材质。

配套设备：

（1）液碱投加装置1套，储罐5m^3，1台，加药泵2台。

（2）预处理提升泵2台，1用1备，Q=30m^3/h，H=15m，N=4kW，自吸式耐腐蚀泵。

（3）预处理污泥泵2台，1用1备，Q=30m^3/h，H=15m，N=4kW。

（4）电磁流量计、温度计、液位计、pH计各1台。

5.3.2 厌氧配水池

主要功能：控制温度和调配水质。

设计尺寸：$L \times W \times H$=3.7m × 7.0m × 4.0m，1座，有效液位：3.5m，有效容积：100m^3。

停留时间：5h。

建筑形式：钢筋混凝土材质。

配套设备：

（1）厌氧反应器提升泵2台，1用1备，Q=30m^3/h，H=30m，N=7.5kW，自吸式耐腐蚀泵。

（2）电磁流量计、温度计、液位计、pH计各1台。

5.3.3 EGSB厌氧反应器

主要功能：采用EGSB厌氧反应器，降解COD和甲醛。

设计尺寸：$D \times H = \phi\, 8.8m \times 18m$，2座，有效容积：2000$m^3$。

停留时间：5.6d。

容积负荷：0.88kgCOD/（m^3·d）。

建筑形式：碳钢防腐外加石棉保温。

配套设备：

（1）每座罐体设强制内回流2台，1用1备，Q=30m^3/h，H=15m，N=4kW。

（2）内件：每座罐体内配备2套三相分离器、1套进水布水装置，1套泥水分离包（$D\times H=\phi$ 1.5m×1.5m），1套水封（$D\times H=\phi$ 1.2m×1.5m）。

（3）每座罐体设置温度计2台、pH计1台。

5.3.4 CASS池

主要功能：采用CASS池的运行方式，降解COD和甲醛，实现废水的达标排放。

设计尺寸：$L\times W\times H$=28m×27m×6.0m，1座，有效液位：5.5m，有效容积：4000m^3。

停留时间：11d。

容积负荷：0.5kgCOD/（m^3·d）。

建筑形式：钢筋混凝土材质。

配套设备：

（1）池体设滗水器3台。

（2）污泥回流泵：Q=60m^3/h，H=15m，N=7.5kW，3台。

（3）温度计3台。

5.3.5 清水池

主要功能：收集清水。

设计尺寸：$L\times W\times H$=13m×30m×5m，1座，有效容积：1950m^3，钢筋混凝土材质。

配套设备：

（1）清水池提升泵2台，1用1备，Q=30m^3/h，H=15m，N=4kW。

（2）液位计、电磁流量计各1台。

5.4 运行效果分析

5.4.1 预处理池运行效果分析

预处理池的运行效果分析如图5-2所示，从图中可以看出，在预处理池进水甲醛浓度1400~1500mg/L时，经过为期10d的运行调试，经过预处理后出水甲醛浓度维持在500mg/L左右，去除率可达70%。

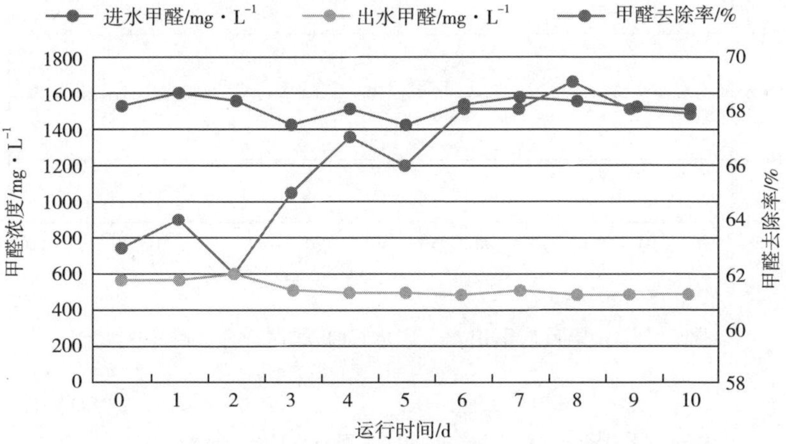

图5-2 预处理进水、出水甲醛与甲醛去除率的变化

5.4.2 EGSB厌氧反应器运行效果分析

EGSB厌氧反应器的运行效果分析如图5-3和图5-4所示，从图中可以看出，在废水经过预处理后，反应器进水甲醛浓度在500mg/L左右时，经过120d的运行调试，出水甲醛浓度稳定在50mg/L左右，去除率可达90%。反应器进水COD在5000mg/L时，出水COD稳定在2000mg/L，去除率60%。反应器的运行调试采用缓慢增加负荷的方法，约调试期的70d左右时，满足设计负荷。

5.4.3 CASS池运行效果分析

在经过预处理及厌氧反应器后，如图5-5所示，CASS的进水甲醛浓度在50mg/L左右，COD在2000mg/L左右。进过120d的调试及数据统计分析，经过

CASS的好氧生化反应后，出水甲醛浓度可以低至0.88mg/L，COD为90mg/L，满足排放要求。

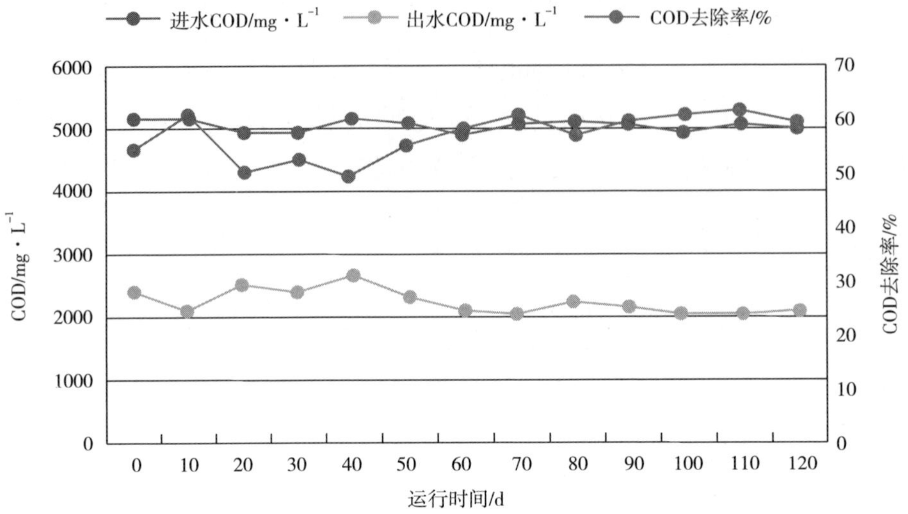

图5-3　厌氧反应器进水、出水COD与COD去除率的变化

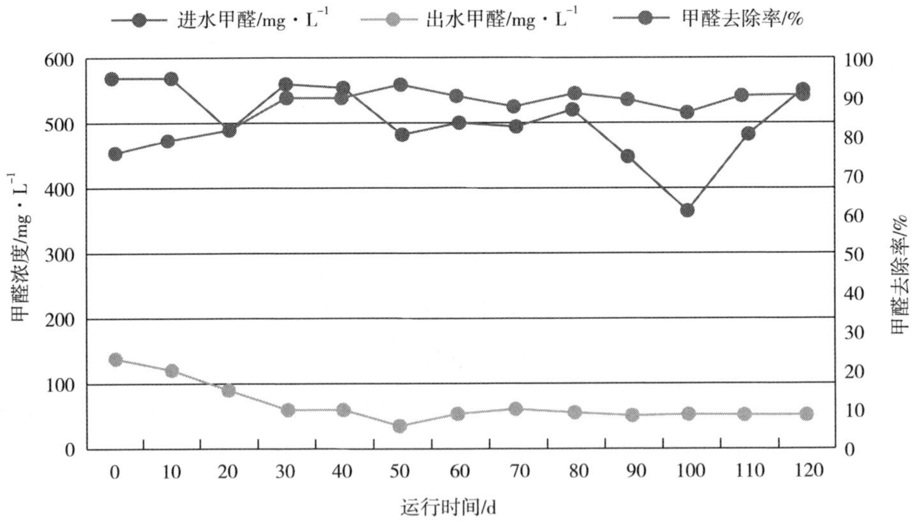

图5-4　厌氧反应器进水、出水甲醛与甲醛去除率的变化

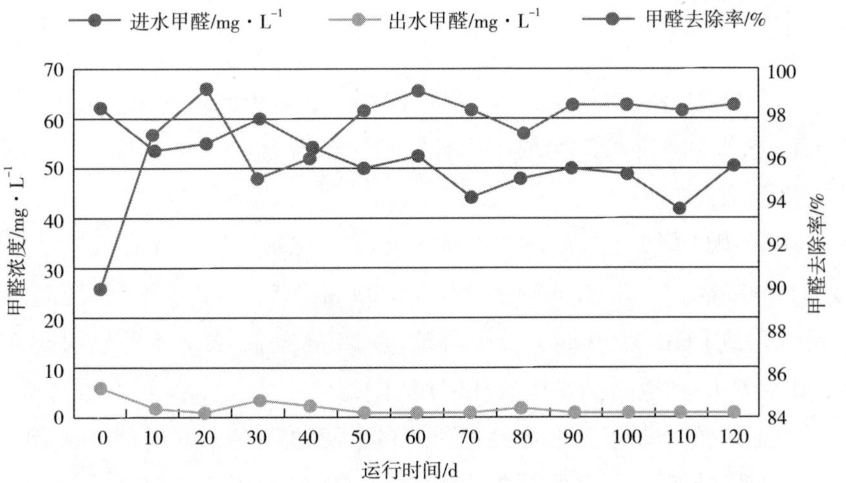

图5-5 CASS池进水、出水甲醛与甲醛去除率的变化

5.5 总体运行情况

废水处理站于2009年5月正式建成并投入使用，经过4个月的调试和4个月的稳定运行，现已达到厂方要求的排放或回用标准。废水处理站2009年9月至2010年3月的平均进出水水质见表5-2。

表5-2 2009年9月~2010年3月平均进出水水质 单位：mg/L

时间	COD		BOD_5		甲醛	
	进水	出水	进水	出水	进水	出水
2009年9月	5000 ± 95.6	133 ± 6.7	1511 ± 10.3	69 ± 3.2	1479 ± 16.2	0.63 ± 0.2
2009年10月	4481 ± 110.7	138 ± 5.4	1320 ± 20.4	67 ± 3.4	1534 ± 7.3	0.72 ± 0.2
2009年11月	5032 ± 10.3	142 ± 3.3	1668 ± 7.7	58 ± 6.6	1513 ± 10.4	0.74 ± 0.2
2009年12月	4967 ± 33.8	136 ± 7.8	1354 ± 13.6	79 ± 1.3	1332 ± 20.2	0.62 ± 0.2
2010年1月	5113 ± 3.4	122 ± 11.1	1820 ± 6.4	76 ± 1.7	1540 ± 7.6	0.77 ± 0.2
2010年2月	5018 ± 2.1	143 ± 0.9	1931 ± 11.2	77 ± 2.2	1476 ± 13.3	0.53 ± 0.2
2010年3月	4874 ± 78.6	139 ± 4.5	1557 ± 4.3	68 ± 1.9	1502 ± 3.2	0.66 ± 0.2

5.6 小结

采用预处理+EGSB厌氧反应器+CASS池为主的生物法工艺处理含中等甲醛浓度的季戊四醇废水，实现了中等浓度甲醛废水的直接达标排放，并得出以下主要结论：

（1）采用“预处理+EGSB厌氧反应器+CASS池”为主的工艺，当进水COD为5000mg/L左右，甲醛浓度1400~1500mg/L时，经过各个工艺段处理后出水可以做到COD为90mg/L及甲醛浓度0.88mg/L。去除率分别可达97%和99%，出水COD和甲醛满足排放和回用要求。

（2）采用预处理作为生化处理过程的前处理工艺，对甲醛的去除率可达50%，大大降低了进生化段甲醛的浓度，进而有效避免了对生化处理过程的影响，保证系统稳定运行。

（3）EGSB厌氧反应器及CASS池的组合生化工艺使整个废水处理工程的污泥量大大减少，降低了污泥处理费用。

6 预处理+厌氧水解+好氧工艺处理中等浓度甲醛废水的工艺设计

某公司新建60000t/年酒精项目、20000t/年乙醛生产装置和60000t/年季戊四醇项目，三种废水分别收集。其中酒精和乙醛项目产生的废水共用一套废水处理系统，季戊四醇废水为无离子废水即中等浓度的甲醛废水单独采用一套废水处理系统。经过处理达到COD＜400mg/L、甲醛＜20mg/L的甲醛废水，再与经过厌氧处理的酒精和乙醛废水混合进入兼氧混合池，直至达标排放。

笔者采用预处理+厌氧水解+好氧为主的工艺，研究生物法处理1200~1500mg/L的中等浓度甲醛废水，将甲醛浓度降低到20mg/L，达到企业工艺过程考核要求。研究目的如下：①确定工艺路线和技术参数；②总结主要构筑物处理效果，形成中等浓度甲醛废水处理技术工艺和装备。

6.1 设计水量、水质和排水指标

6.1.1 设计水量、水质

根据企业提供的资料，废水的水质水量见表6-1。

表6-1 废水水质、水量情况表

序号	水量/（m^3/d）	水质指标（pH无量纲，其他单位mg/L）				
		pH	COD	BOD_5	SS	甲醛
1	1200	3~4	5000	3000	500	1200

6.1.2 排水指标

废水经过处理后，进入其他废水工艺段，具体要求为：

COD ≤ 400mg/L　　BOD$_5$ ≤ 200mg/L

SS ≤ 300mg/L　　氨氮 ≤ 15mg/L

pH= 6~9　　甲醛 ≤ 20mg/L

6.2 污水处理工艺路线

6.2.1 工艺路线

废水处理工艺流程如图6-1所示。

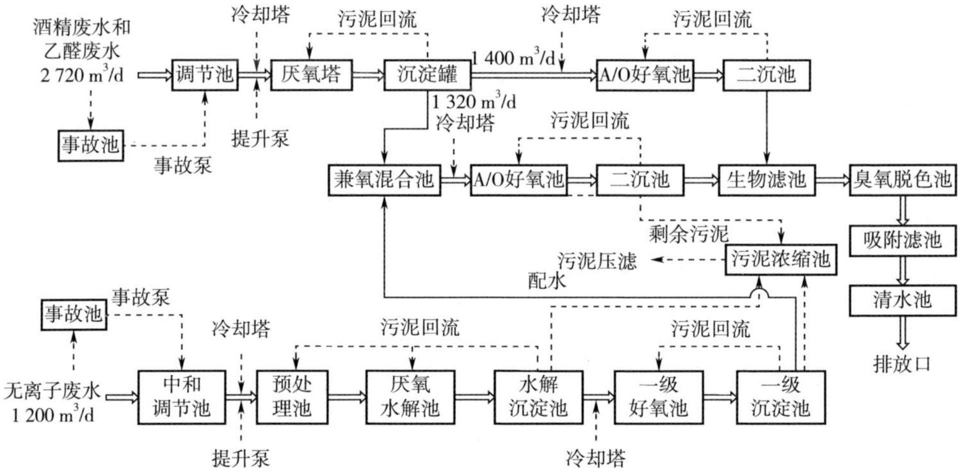

图6-1　废水处理工艺流程图

6.2.2 工艺流程说明

甲醛废水（无离子废水）通过不锈钢输送泵泵至污水站，废水进入调节池，调节废水的水质、水量。当生产不正常后的废水进入事故池，调节池的出水泵入预处理池，直接加液碱调节pH至5~6，控制温度在35℃左右、加入酒精废水（2m^3/h）等营养物质，预处理池出水自流入厌氧水解池，使废水中大分子污染物变成小分子污染物、难降解的污染物变成易降解的污染物，有机物在厌氧水解池被大幅度去除，产生一定的沼气，厌氧出水自流入水解沉淀池，沉淀出水，进行污泥回流，保证厌氧水解池的污泥浓度，降低进入好氧池的污泥量。厌氧温度为35~39℃。

好氧池采用A/O的方式运转，去除有机物。一级沉淀池的污泥经污泥泵回流到预处理池、厌氧水解池和好氧池的前端。夏季温度为20~30℃。

沉淀池出水与经过厌氧处理系统处理后的废水混合，进行好氧处理和深度处理，然后达标排放或回用。

6.3　工艺设计

6.3.1　预处理池

主要功能：调配无离子废水营养，添加$2m^3/h$酒精废水，降低甲醛废水的生物抑制性，依靠机械力的作用（潜水搅拌机），强化预处理的传质效果。

主要设计参数：

设计尺寸：$L\times W\times H$=21.3m×10.2m×6m，有效水深：5.5m。

单座容积：$1100m^3$。

反应时间：0.9d。

建筑形式：钢砼结构。

配套设备：

（1）低速推流器，叶轮直径：1.8m，功率：N=4kW，数量：2台。

（2）填料和填料支架，2套。

6.3.2　厌氧水解池

主要功能：使废水中大分子污染物变成小分子污染物、难降解的污染物变成易降解的污染物，有机物在厌氧水解池被大幅度去除，产生沼气，通过回流提高厌氧水解池的污泥浓度。两组并联。

主要设计参数：

设计尺寸：$L\times W\times H$=34.7m×21.3m×5.5m，有效水深：5.5m。

有效容积：$3400m^3$。

反应时间：2.8d。

建筑形式：钢砼结构。

配套设备：

（1）低速搅拌机，直径：1800mm，N=4kW，数量：4台。

（2）填料和填料支架，4套。

6.3.3 水解沉淀池

主要功能：沉淀厌氧水解池的出水，泥水分离，澄清出水，降低好氧池的负荷。

主要设计参数：

沉淀池设计尺寸：$D \times H = \phi 10.6\text{m} \times 5.0\text{m}$，有效水深：3.6m。

表面负荷：$0.55\text{m}^3/(\text{m}^2 \cdot \text{h})$。

沉淀时间：3~5h。

建筑形式：半地上半地下式钢砼结构。

数量：1座。

配套设备：

（1）排泥泵：$Q=50\text{m}^3/\text{h}$，H=10m，N=4kW，2套，1用1备。

（2）刮泥机：ZBGX-Ⅰ-10，1套，水下不锈钢。

6.3.4 好氧池

主要功能：降解废水中的大部分有机污染物，具有污泥产率低，排泥量少，去除效果好，操作简单等优点。两组并联。

主要设计参数：

设计尺寸：$L \times W \times H = 32.2\text{m} \times 25.5\text{m} \times 5.5\text{m}$，有效水深：5m。

有效容积：3800m^3。

反应时间：3.1d。

建筑形式：半地上半地下式钢砼结构。

数量：4廊道，2组，1座。

配套设备：

（1）风机，风量：$35\text{m}^3/\text{min}$，风压：6m，功率：55kW，数量：2台，1用1备。

（2）旋流切割曝气器，规格：ϕ260mm，数量：1500套。
（3）配气管，材质：ABS管，DN50，4套。
（4）一级好氧加填料和填料支架，8套。

6.3.5　沉淀池

主要功能：泥水分离，澄清出水。
主要设计参数：
沉淀池设计尺寸：$D \times H = \phi\, 10.6\text{m} \times 5.0\text{m}$，有效水深：3.6m。
表面负荷：0.55m^3/（$m^2 \cdot h$）。
沉淀时间：3~5h。
建筑形式：半地上半地下式钢砼结构。
数量：1座。
配套设备：
（1）排泥泵：Q=50m^3/h，H=10m，N=4kW，2套，1用1备。
（2）刮泥机：ZBGX-Ⅰ-10，1套，水下不锈钢。

6.4　主要构筑物去除效率指标

废水处理去除率如表6-2所示。

表6-2　　废水处理去除率表

序号	处理单元	类别	主要水质项目	
			COD/（mg/L）	甲醛 /（mg/L）
1	废水调节池	混合水质	≤ 5000	≤ 1200
2	中和调节和预处理池	进水	≤ 5000	≤ 1200
		出水	≤ 4000	≤ 1000
		去除率 /%	≥ 20	≥ 15
3	厌氧水解池和水解沉淀池	进水	≤ 4000	≤ 1000
		出水	≤ 1500	≤ 100
		去除率 /%	≥ 50	≥ 90

续表

序号	处理单元	类别	主要水质项目	
			COD/（mg/L）	甲醛 /（mg/L）
4	一级好氧池和一级沉淀池	进水	≤ 1500	≤ 100
		出水	≤ 400	≤ 20
		去除率 /%	≥ 30	≥ 80
5	排水指标	—	≤ 400	≤ 20

6.5 小结

本章采用预处理+厌氧水解+好氧为主的生物法工艺处理含中等甲醛浓度的季戊四醇废水，达到了中等浓度甲醛废水的企业工艺考核要求，并得出以下主要结论：

（1）采用预处理池+厌氧水解+好氧为主的组合工艺，实现了中等浓度甲醛废水企业考核要求，成功地解决了该企业的废水处理问题。

（2）以预处理的HRT为0.9d、厌氧水解池的HRT为2.8d和好氧池的HRT为3.1d，经过较短时间的生物处理，实现甲醛小于20mg/L、COD小于400mg/L等污染指标的企业工艺考核要求。

7 IC厌氧反应器+无动力好氧工艺处理低浓度甲醛废水的工程研究

根据第2章的分析，在反应温度80℃和pH在9.5~10.0的条件下，采用CaO强化氧化法，高浓度甲醛废水在强化氧化塔中可以将甲醛浓度从20000mg/L降低到20mg/L以下。根据第3章分析，中等浓度甲醛废水采用预处理+IC厌氧反应器+好氧MBR膜系统为主的生物法，在预处理池中，通过经过专性驯化后的厌氧生物菌和好氧生物菌等复合菌种的生物降解，可以将甲醛浓度从1200~1500mg/L降低到150mg/L以下，甲醛的去除率为83~86%。由1.1介绍可知，甲醛浓度为10~20mg/L的废水定义为低浓度甲醛废水，针对一些低浓度甲醛废水，采用合适的工艺将甲醛浓度降低到排放标准即1mg/L以下，是环境工作者需要研究和解决的环境问题之一。

厌氧反应器的发挥高效率和运行稳定性的核心技术和方法之一是培养厌氧颗粒污泥[63, 64]。一种废水适合不适合厌氧生物法工艺需要根据实验研究和工程经验确定，一个项目需要颗粒污泥接种还是絮状污泥驯化需要根据污泥的价格、运输距离等成本方面确定，同时接种和驯化的时间也是考虑的重要因素[65]。将成熟的厌氧颗粒污泥一次投加到厌氧反应器中，给予合适的温度和营养条件，一般经过10~20d的时间培养和驯化，厌氧颗粒污泥即可发挥较大的COD去除效率和较高的OLR水平[66]。而接种厌氧絮状污泥，需要2个月左右的时间才能达到预期效果，接种好氧剩余污泥则一般需要3个月的时间，甚至更长的时间[67]。

当前市场情况下，厌氧颗粒污泥市场出厂价一般为1800元/m^3，含水率一般为90%~95%。而好氧剩余活性污泥一般是污水处理厂的固体废弃物，经过干化后外运处置，但干化后的污泥，一般不能作为培养菌种使用。只要确保运输符合规定的情况下，好氧剩余活性污泥一般出厂价为0~50元/m^3。对于一些用户，迫切需要好氧剩余污泥接种厌氧反应器，并希望能够实现厌氧污泥的颗粒化[66, 68, 69]，一旦实现颗粒化，除满足用户自身需要外，多余的厌氧颗粒污泥可以对外销售，为用户创造一定的资源化利用经济效益。

基于第3章的分析，在以甲醛和乙醛为主要原料，采用钠法生产季戊四醇的主工艺中，产生了中等浓度的甲醛废水，而生产甲醛是由甲醇氧化法制的，乙醛是由乙醇氧化法制的，在甲醛和乙醛生产过程中也会产生一定量的废水，这些废水的COD浓度在3000~4500mg/L，甲醛浓度在10~20mg/L，属于低浓度甲醛废水。

传统的好氧池一般采用风机曝气、机械射流曝气，好氧池的电量消耗占污水厂直接运行费用的30%以上，为了降低好氧池的风机或机械射流曝气的运行费用，充分利用厌氧反应器出水区与好氧反应池之间的液位差，探索实现曝气的方法。

鉴于以上分析，笔者利用好氧剩余污泥作为接种污泥启动具有生产规模的IC厌氧反应器并处理甲醛浓度为10~20mg/L的低浓度甲醛废水，研究目的如下：①在不稀释进水浓度和满负荷运行的情况下，研究在处理甲醛废水中对好氧剩余污泥的驯化，研究成功启动的进程和方法，并实现厌氧污泥颗粒化；②利用厌氧反应器出水区与好氧反应池之间的液位差，将势能转化为曝气的动能，并达到自动充氧曝气的目的，探索实现曝气的方法；③通过以上研究，针对低浓度甲醛废水特性，探索降解甲醛的新方法，并在甲醛行业推广应用，形成具有生产规模的低浓度甲醛废水降解的产业化技术和装备。

7.1 废水来源、水质和排放要求

7.1.1 废水来源

乙醛是季戊四醇生产所用的主要原料之一，乙醛是以银为强化剂，乙醇氧化制得。主反应的方程式：

$$CH_3CH_2OH+0.5O_2 \longrightarrow CH_3CHO+H_2O$$

乙醛继续氧化为醋酸是主要的副反应，副反应的方程式：

$$CH_3CHO+0.5O_2 \longrightarrow CH_3COOH。$$

在乙醛生产过程中产生的废水，废水中主要含有甲酸、乙酸、未回收完全的乙醇和非常少量的甲醛。

7.1.2 废水的水量、水质与和排放要求

设计规模为1000m^3/d，废水排放标准：《污水综合排放标准》（GB 8978-1996）的一级标准。乙醇氧化法制乙醛产生的低浓度甲醛废水，废水水质情况和排放要求见表7-1。

表7-1　　废水水质情况和排放要求

项目	pH	COD/（mg/L）	甲醛/（mg/L）	BOD$_5$/（mg/L）	温度/℃	SS/（mg/L）
废水水质	3~4	2200~7200	15	1000~1500	55~65	300~500
排放要求	6~9	≤ 100	1	≤ 20	常温	≤ 70

7.2 废水工艺流程和说明

7.2.1 废水工艺路线

低浓度的甲醛废水处理工艺路线见图7-1。

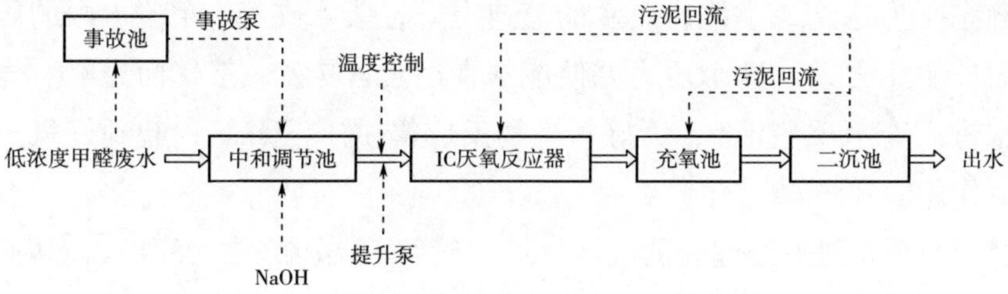

图7-1　低浓度的甲醛废水处理工艺路线图

7.2.2 工艺说明

低浓度的甲醛废水通过车间管道自流入中和调节池，废水进入调节池后，直接加液碱调节pH至6~6.5，控制温度在40℃左右，然后调节废水的水质、水量。经过调节后的废水通过提升泵泵入IC厌氧反应器，通过厌氧生物菌的生物降解作用，提高废水的B/C比，难降解的污染物降解为易降解的污染物[25]，易降解的污染物降解为大分子污染物，大分子污染物降解为小分子污染物，小分子污染物在厌氧反应器中通过厌氧生物菌的作用被大幅度去除，产生沼气，实现有机物的能源化[70]，厌氧出水依靠液位差进入自动充氧池，进行好氧生物反应，好氧出水在二沉池澄清出水和泥水分离，污泥回流，清水达标排放。

7.2.3 自动充氧池流程图

自动充氧池流程见图7–2。系统中废水经原水管1进入中和调节池2，调节水温、水质和水量；中和调节池2的废水经污水提升泵4沿第一管路3输送至IC厌氧反应器5进行生物厌氧处理，污水中的有机物被厌氧菌降解利用，将大部分污染物质转化为水和二氧化碳，同时产生沼气，最后通过厌氧反应器5内的三相分离器进行三相（气–固–液）分离，沼气由气室收集，污泥在重力作用下沉淀返回反应区继续反应降解，经处理后的上清液经出水区7排出。

出水区7的废水经第二管路8输送至充氧反应池9，由于出水区7与大气连通并且与充氧反应池9之间具有液位差，废水在经过第二管路8时，水流的横截面积突然变小，在第二管路8横截面积最小处，动态压力达到最大值，静态压力达到最小值，废水的流速上升，废水在第二管路8内的压力减小进而产生压力差，这个压力差使废水在出水区7吸入空气而充氧。充氧后的废水进入充氧反应池9，为好氧生物反应提供了溶解氧，起到好氧生物化学反应作用。

经充氧反应池9处理后的废水经第三管路10溢流至二沉池11，从而实现泥水分离和澄清出水，二沉池11上清液经排水管12排出回用，二沉池11底部污泥在污泥泵14作用下经排泥管13排出。

只要污水提升泵4不断地将中和调节池2的乙醛废水提升至IC厌氧反应器5，出水区7就会不断地吸入空气而使充氧反应池9充氧[71]，通过本方法，可以省去鼓风机和曝气扩散设备，节省投资和降低了运行费用。

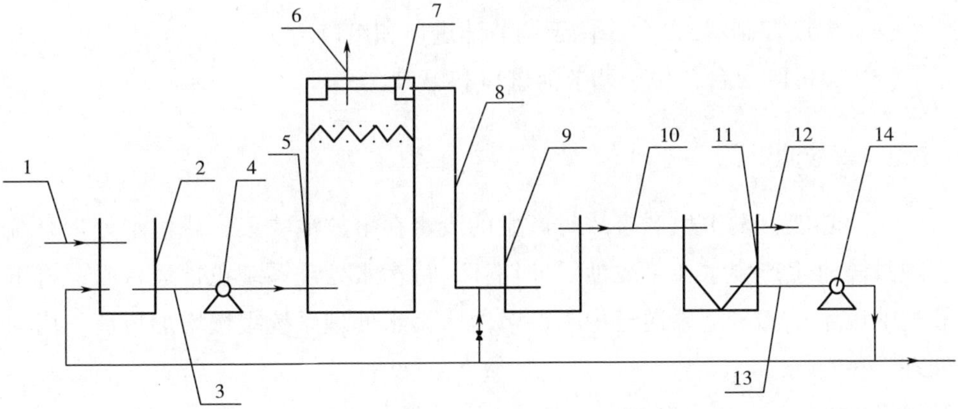

1—原水管；2—中和调节池；3—第一管路；4—污水提升泵；5—IC厌氧反应器；6—沼气管；7—出水区；8—第二管路；9—充氧反应池；10—第三管路；11—二沉池；12—排水管；13—排泥管；14—污泥泵。

图7-2　自动充氧池流程图

7.3　工艺设计参数

7.3.1　中和调节池

主要功能：加液碱调节低浓度甲醛废水的pH在6~6.5，控制废水的温度在40℃左右，调节低浓度甲醛废水的水质情况和水量波动。

设计参数：$L \times W \times H$=20m × 10m × 5.5m，有效水深：5m，有效容积：1000m^3。

建筑形式：钢砼结构。

数量：1座。

水力停留时间HRT：1.0d。

配套设备：

（1）快速搅拌机，直径：ϕ 620mm，N=4kW，数量：4台。

（2）IC提升泵，流量：Q=50m^3/h，扬程：H=32m，功率：N=11kW，数量：2台，1用1备。

（3）加碱设备：1套。液碱储罐：V=20m^3。液碱提升泵，流量：Q=400L/h，扬程：H=60m，功率：N=0.75kW，数量：2台，1用1备。

（4）温度控制器：2台，位于调节池进口和出口。

（5）pH计：2台，位于调节池进口和出口。

7.3.2 事故池

主要功能：发生生产事故时产生的废水在事故池收集，或污水处理系统出现故障时生产废水在事故池缓冲储存，待污水处理系统正常运行时，将事故池的废水小流量地泵送至中和调节池，污水处理系统缓慢增加负荷，均匀处理。

设计参数：$L \times W \times H$=20m×10m×5.5m，有效水深：5m，有效容积：1000m^3。

建筑形式：钢砼结构。

数量：1座。

水力停留时间HRT：1.0d。

配套设备：

（1）快速搅拌机，直径：ϕ620mm，N=4kW，数量：4台。

（2）事故池提升泵，流量：Q=50m^3/h，扬程：H=15m，功率：N=5.5kW，数量：2台，1用1备。

7.3.3 IC厌氧反应器

主要功能：通过厌氧生物菌的生物降解作用，提高废水的B/C比，难降解的污染物降解为易降解的污染物[25]，易降解的污染物降解为大分子污染物，大分子污染物降解为小分子污染物，小分子污染物在厌氧反应器中通过厌氧生物菌的作用被大幅度去除，产生沼气，实现有机物的能源化[71]。同时，尽可能将有机物降解到最低水平，减少好氧池的负荷、池容和好氧池的运行费用，节省投资。

设计参数：IC反应器直径8m，高22.5m，结构形式是圆柱体型，有效容积1000m^3。

数量：1座。

设计OLR：3kgCOD/（m^3·d）。

HRT：1d。

沼气产率：0.4m^3沼气/kgCOD$_{去除}$，最大满负荷产生沼气量为1200m^3。

沼气容积产率：1.2m^3沼气/（m^3·d）。

IC厌氧反应器循环水量：50m^3/h，平均1m^3沼气提升1.0m^3废水。

IC反应器第一反应室（1m、3m、5m、7m）和第二反应室（11m、13m、15m、17m）的截面处，设置取样管，作为取样点所在断面，通过取样管定期取样，以此判断污泥相应的变化情况。

配套设备：

（1）温度控制器：3台，位于IC反应器进口、中部和出口。

（2）pH计：1台，位于IC反应器出口。

（3）辅助循环泵，流量：Q=100m^3/h，扬程：H=15m，功率：N=7.5kW，数量：2台，1用1备。

7.3.4　充氧池

主要功能：依靠厌氧出水口与好氧进水口的液位差自动充氧，满足好氧和兼氧微生物生存的环境，达到利用好氧微生物降解废水中残留的有机污染物的目的[72]。

设计参数：$L\times W\times H$=10m×8m×5.5m，有效水深：5m，有效容积：400m^3。

建筑形式：钢砼结构。

数量：1座。

设计OLR：0.3kgCOD/（m^3·d）。

HRT：9.6h。

MLSS：3000mg/L。

污泥负荷F_W：0.1kgCOD/（kg MLSS·d）。

配套设备：射流分布器：3套。

7.3.5　二沉池

主要功能：对充氧池出水进行泥水分离和澄清出水，沉淀的污泥50%回流到IC厌氧反应器，厌氧消化好氧池产生的污泥，50%进入充氧池，补充好氧池的生物量浓度。

设计参数：$D\times H=\phi$ 8m×4m，有效水深：3.5m，表面积：50m^2。

建筑形式：钢砼结构。

数量：1座。

沉淀时间：3~4h。

表面负荷：0.85m^3/（m^2·h）。

配套设备：

（1）中心传动刮泥机，ZXBX–8，1台，行走速度2.5m/min，N=1.5kW。

（2）污泥回流泵，流量：Q=30m^3/h，扬程：H=32m，功率：N=7.5kW，数量：2台，1用1备。

7.4 主要构筑物与设备

7.4.1 主要构筑物一览表

低浓度甲醛废水处理工艺主要构筑物见表7–2。

表7–2　　低浓度甲醛废水处理工艺主要构筑物一览表

序号	名称	规格	数量	建筑形式
1	中和调节池	$L\times W\times H$=20m×10m×5.5m	1座	钢砼结构
2	事故池	$L\times W\times H$=20m×10m×5.5m	1座	钢砼结构
3	IC厌氧反应器	$D\times H=\phi$ 8m×22.5m	1座	钢结构
4	充氧池	$L\times W\times H$=10m×8m×5.5m	1座	钢砼结构
5	二沉池	$D\times H=\phi$ 8m×4m	1座	钢砼结构

7.4.2 主要设备一览表

低浓度甲醛废水处理工艺主要设备见表7–3。

表7-3　　低浓度甲醛废水处理工艺主要设备一览表

序号	名称	规格	数量
1	调节池快速搅拌机	ϕ 620mm，N=4kW	4台
2	加碱设备	V=20m^3，Q=400L/h，H=60m，N=0.75kW	2台
3	调节池温度控制器	位于调节池进口和出口	2台
4	调节池pH计	位于调节池进口和出口	2台
5	事故池快速搅拌机	ϕ 620mm，N=4kW	4台
6	事故池提升泵	Q=50m^3/h，H=15m，N=5.5kW	2台
7	IC厌氧反应器提升泵	Q=50m^3/h，H=32m，N=11kW	2台
8	IC厌氧反应器温度控制器	IC反应器进口、中部和出口	3台
9	IC厌氧反应器pH计	位于IC厌氧反应器出口	1台
10	充氧池射流分布器	非标	3套
11	二沉池池中心传动刮泥机	ZXBX-8	1台
12	二沉池污泥回流泵	Q=30m^3/h，H=32m，N=7.5kW	2台

7.5 工程研究与讨论

7.5.1 IC厌氧反应器的启动

7.5.1.1 接种污泥

试验接种污泥与处理中等浓度甲醛废水污泥的来源和性质相同，接种污泥量为300m^3，占IC厌氧反应器容积的25%，IC厌氧反应器加入接种污泥，使反应器维持较高的生物量浓度，该反应器中TSS浓度为66000mg/L，VSS浓度为49500mg/L。

7.5.1.2 污泥的驯化期

本次启动IC厌氧反应器的方法[73]：首先一次到位投加接种污泥，然后提升废水的温度，使厌氧反应器内的水温达到（37±2）℃，之后开启IC厌氧反应器的循环泵，驯化污泥，最后小流量的开始进入低浓度甲醛废水。由于用户生产不能停车，环保部门允许将调试前期不合格的排放尾水排至园区污水厂，给予3个月的缓冲期，待污水设施调试合格后再将排放尾水通过排放口直接排放。

开始进水时，由于生产不停车、不能稀释进水，故IC厌氧反应器直接进低浓度甲醛原水。如图7-3所示，IC厌氧反应器进水COD浓度在2200mg/L到7200mg/L之间波动，平均IC厌氧反应器进水COD浓度在4300mg/L左右，经过IC厌氧反应器HRT为1d的厌氧生物降解，厌氧出水COD浓度波动大，运行非常不稳定，厌氧的COD去除率在20%，但厌氧出水的COD浓度呈现下降的趋势，这说明接种的污泥正处于驯化阶段[74]，此种情况持续了50d左右。随后到68d，厌氧微生物逐渐驯化成熟，厌氧生物菌群活性增强，因而厌氧出水的COD浓度逐渐降低到500mg/L左右，发挥了厌氧微生物作用，从而导致IC厌氧反应器的COD去除率逐渐升高，厌氧COD的去除率从开始驯化时的20%左右逐渐升高到稳定成熟的80%~90%，这说明经过前60多天的时间运行，污泥逐渐驯化，之后逐渐成熟，适应了低浓度的甲醛废水。

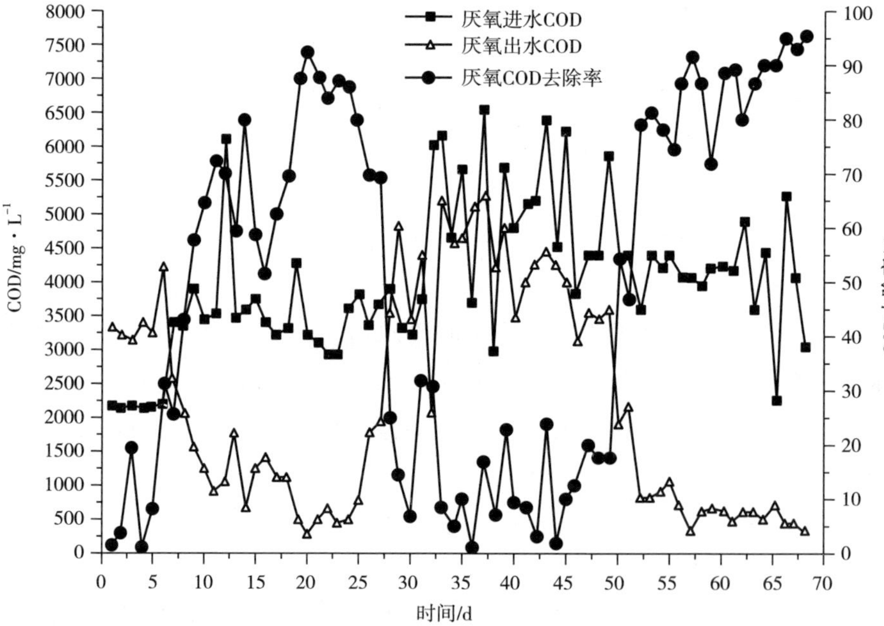

图7-3　IC厌氧反应器启动驯化期进水、出水COD与COD去除率随时间的变化图

图7–4展示了IC厌氧反应器启动驯化期进水、出水甲醛与甲醛去除率随时间的变化，甲醛的变化趋势与COD相似。IC厌氧反应器进水的甲醛浓度在13~15mg/L，经过IC厌氧反应器HRT为1d的厌氧生物降解，厌氧出水的甲醛浓度在10mg/L左右，甲醛的去除率在10%左右，此种情况持续了50d左右。随后到68d，厌氧生物菌群活性增强，厌氧出水的甲醛逐渐降低到3mg/L左右，厌氧甲醛的去除率也逐渐升高到50%~80%，之后一直是稳定运行。

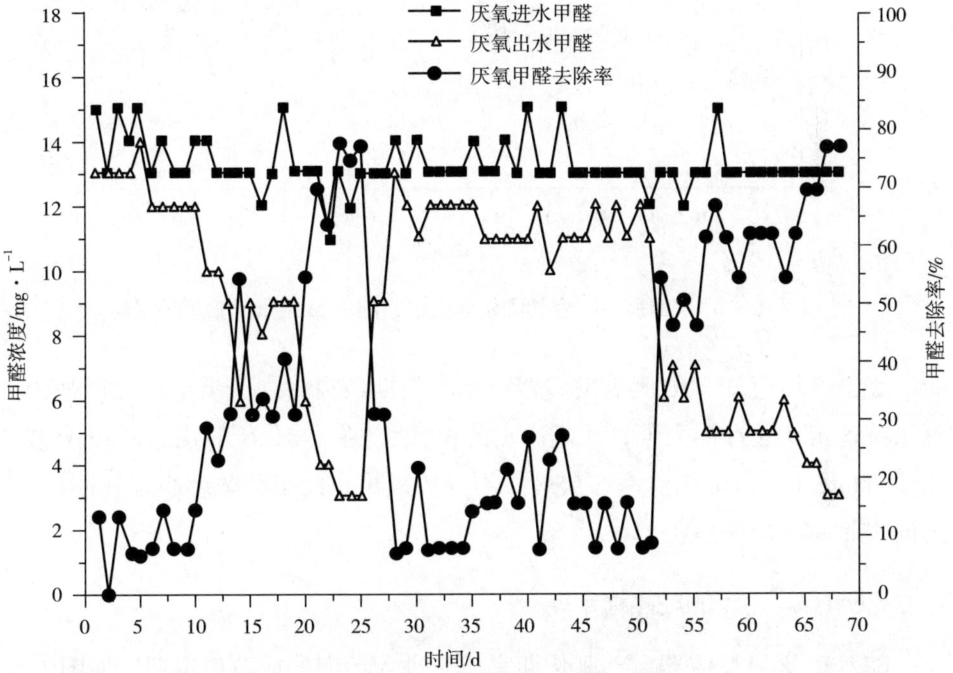

图7–4　IC厌氧反应器启动驯化期进水、出水甲醛与甲醛去除率随时间的变化图

厌氧出水的pH是判断厌氧反应器能否稳定运行的关键因素之一[75]。图7–5展示了IC厌氧反应器启动驯化期进水、出水pH随时间的变化，开始启动时，为了保持厌氧出水的pH稳定在7~8，通过加液碱的方式来提高厌氧进水的pH，一直控制厌氧进水的pH在6~6.5。随着污泥的驯化，适当减少加液碱量，同时通过将好氧池的污泥补充到调节池来提高调节池的pH，适当降低厌氧进水的pH在4~6。

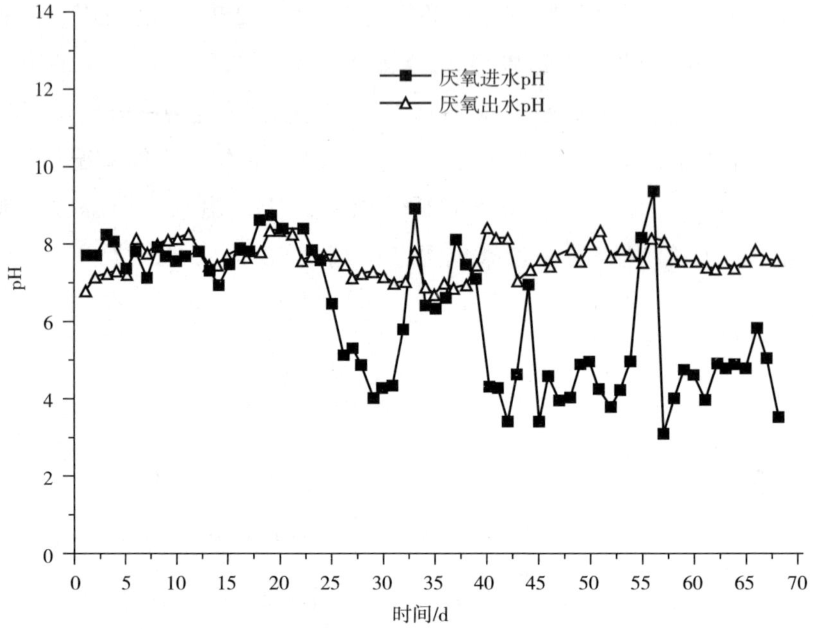

图7-5　IC厌氧反应器启动驯化期进水、出水pH随时间的变化图

综上分析可知，IC厌氧反应器启动驯化期结束时，厌氧菌活性增强，厌氧系统稳定，缓冲能力强，厌氧出水的pH稳定在7~8，厌氧出水的COD浓度小于500mg/L，COD去除率在95%左右。厌氧出水的甲醛浓度小于3mg/L，甲醛的去除率在65%左右。

7.5.1.3　污泥的成熟稳定期

随着IC厌氧反应器启动驯化期完成，进入污泥的成熟稳定期，如图7-6、图7-7和图7-8所示，厌氧进水COD浓度在3500mg/L~4500mg/L，厌氧进水的变化波动小，为厌氧稳定运行创造了条件，平均厌氧进水的COD在4000mg/L左右，随着厌氧菌活性的显著增强，厌氧出水COD从500mg/L降低到150mg/L，厌氧菌将有机物“吃干榨净”，使厌氧出水COD在110~130mg/L，运行非常稳定，厌氧的COD去除率在96%以上，创造了厌氧反应器的运行高效率。厌氧进水的甲醛浓度在13~15mg/L，随着厌氧菌活性的增强和厌氧污泥颗粒化的出现，厌氧出水的甲醛浓度在1mg/L左右，甲醛的去除率在93%左右。

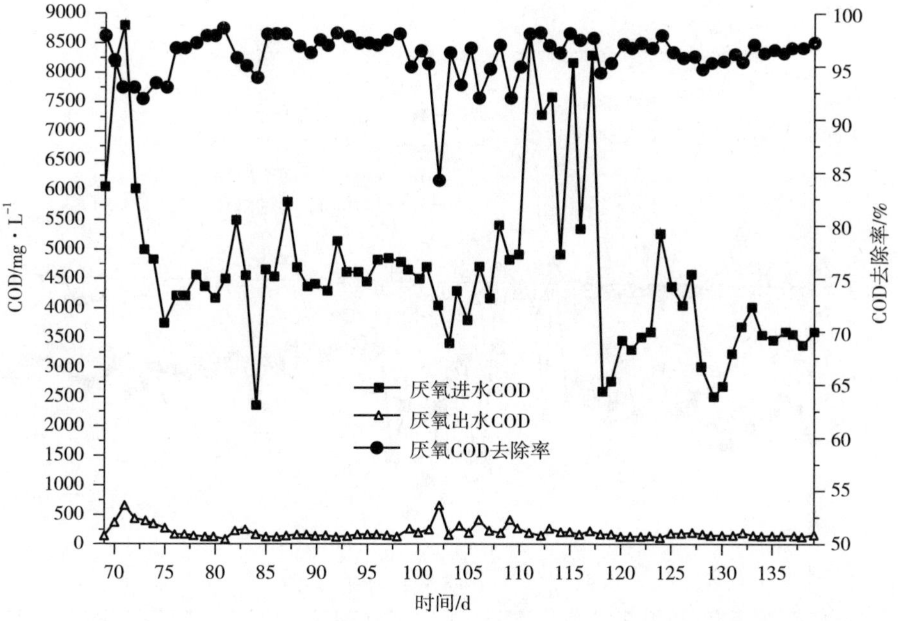

图7-6 IC厌氧反应器成熟稳定期进水、出水COD与COD去除率随时间的变化图

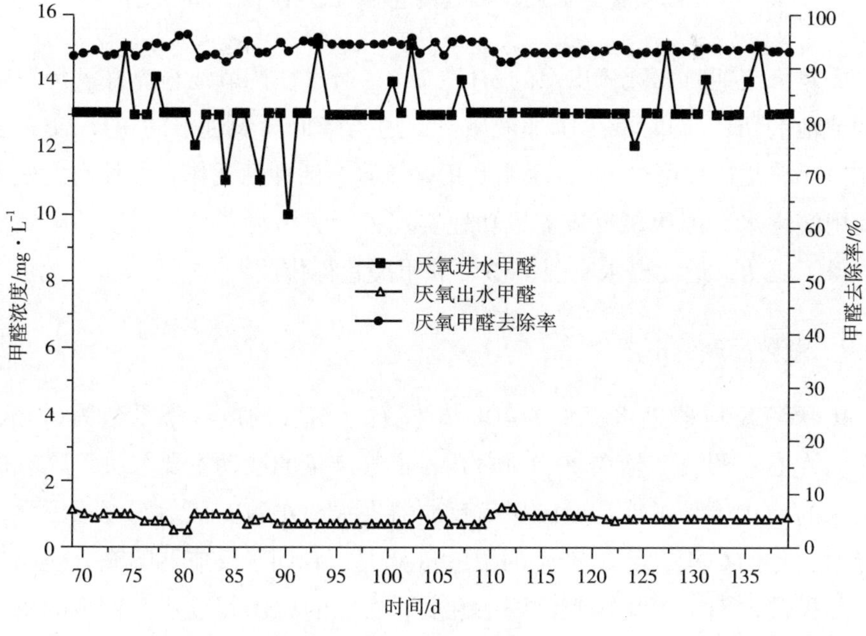

图7-7 IC厌氧反应器成熟稳定期进水、出水甲醛与甲醛去除率随时间的变化图

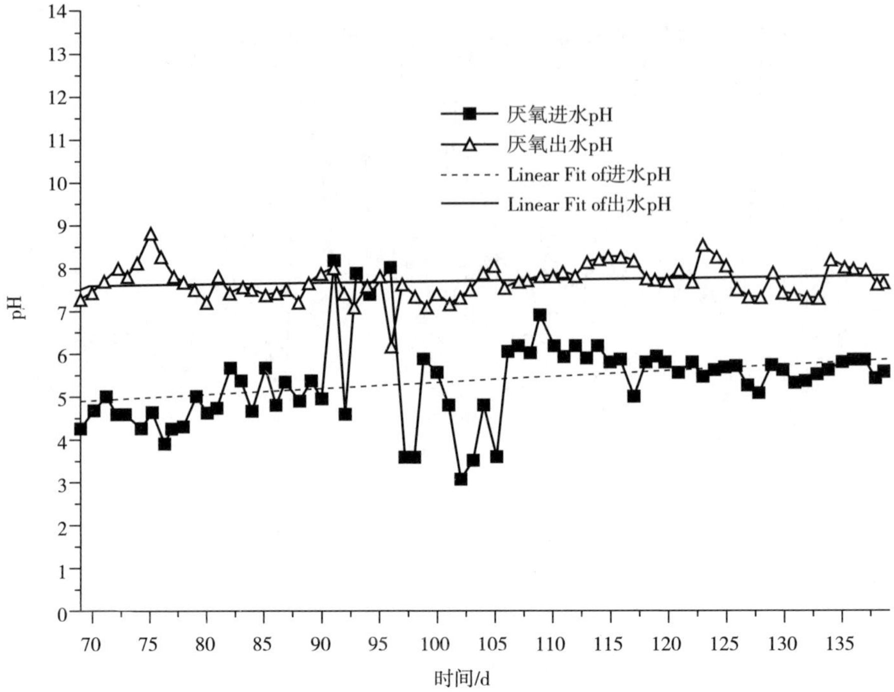

图7-8　IC厌氧反应器成熟稳定期进水、出水pH随时间的变化图

成熟稳定期时，厌氧出水的pH在7~8，通过往调节池补充好氧污泥来提高调节池的pH，同时减少了加液碱量，适当降低厌氧进水的pH，使其进水pH在4~6。此过程历时70d，说明利用好氧剩余活性污泥作为接种污泥处理低浓度甲醛废水，IC厌氧反应器成功地实现了厌氧污泥颗粒化，启动厌氧反应器取得了成功，最终出水实现了COD和甲醛达标排放。

7.5.2　颗粒污泥的形成

IC厌氧反应器进水流量为40m^3/h左右，沼气的产气率系数为0.4m^3/kg $COD_{去除}$左右，沼气产量在40~150m^3/h，沼气产量的波动主要取决于厌氧进水与出水的COD差值的变化。IC厌氧反应器进水COD高，厌氧污泥活性强，从而导致去除的COD量大，产生的沼气量就大，有利于反应器的充分搅动。相反，如果进水COD低，厌氧污泥活性弱，去除的COD量就小，产生的沼气量就小。

经过计量，沼气内循环提升的水量、厌氧进水量和辅助循环泵三者共同作用下的液体上升流速为3.6~5.7m/h，沼气的气体上升流速为0.8~2.9m/h，厌氧进水的有机负荷OLR为3.2~4.9kg COD/（m^3·d）。液体和沼气上升流速与有机负荷OLR的关系见图7-9。

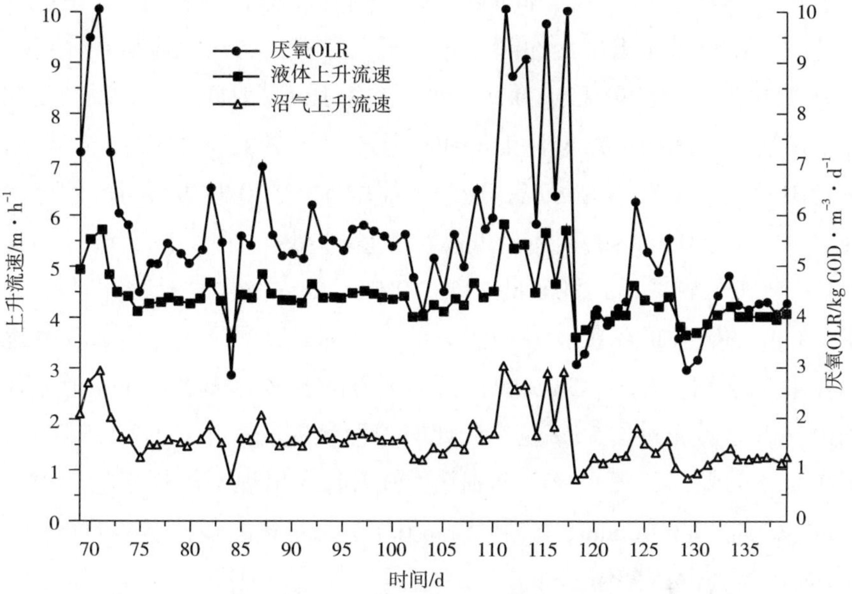

图7-9 液体和沼气上升流速与有机负荷OLR的关系图

研究认为液体上升流速是厌氧污泥颗粒化的最大关联因素[76]，Alphenaar等[77]认为，在较高的液体上升流速和较短的HRT共同作用下，容易使污泥在厌氧反应器中实现污泥颗粒化；Wu等[78]认为水力剪切力影响絮状污泥的结核，这一现象与液体上升流速相似。在保证有机物充足的情况下，在较大的液体上升流速和较大的沼气上升流速的搅动下，厌氧微生物更容易发生自凝聚而形成大量的颗粒污泥，一旦形成大量的颗粒污泥[79]，厌氧颗粒污泥将获得很高的SMA，有利于有机物充分降解，从而使厌氧反应器的有机负荷OLR更高，厌氧反应器持续运行更加稳定，颗粒污泥使有机物降解更加彻底，实现更低厌氧出水COD浓度，有利于降低后续好氧处理的负荷。

本研究中IC厌氧反应器中厌氧沼气上升流速在1.0m/h，液体上升流速在4.5m/h左右，有机负荷OLR在 4kgCOD/（m^3·d），以上这些运行参数，为厌氧污泥颗粒化创造了条件。

7.5.3 颗粒污泥的分布

在厌氧反应器运行到140天时，厌氧反应器运行非常稳定，有机负荷OLR较高，COD去除率高，同时，取样分析发现有少量的厌氧颗粒污泥出现，此时为颗粒污泥出现期的起点。为研究方便，厌氧反应器颗粒污泥出现后，分别在第15天、30天、60天、90天和第120天取样比较，颗粒污泥出现后在不同运行时间厌氧颗粒污泥的粒径分布见图7-10。在第15天从5m高的取样管中发现有小絮体的污泥，这些污泥中粒径在0.3~0.5mm的絮体占污泥量的15%，小于0.3mm的絮体量占总污泥量的76%。在第30天时，污泥粒径为0.3~0.5mm的颗粒占污泥量的23%，0.5~1.5mm颗粒占污泥量的8%，表明小于0.3mm的颗粒的污泥正在减少，0.3~0.5mm的颗粒正在增加，并逐渐长大。在第60天时，0.5~1.5mm颗粒占污泥量的11%，小于0.3mm的絮体量逐渐减少，占总污泥量的55%左右，此时说明颗粒完成了45%。到第90天时，大于0.3mm的颗粒污泥占60%，到第120天时，出现不同规格的颗粒，即出现0.0~0.3mm、0.3~0.5mm、0.5~1.5mm和1.5~2.5mm的多种不同的颗粒，大于0.3mm的颗粒污泥占75%。

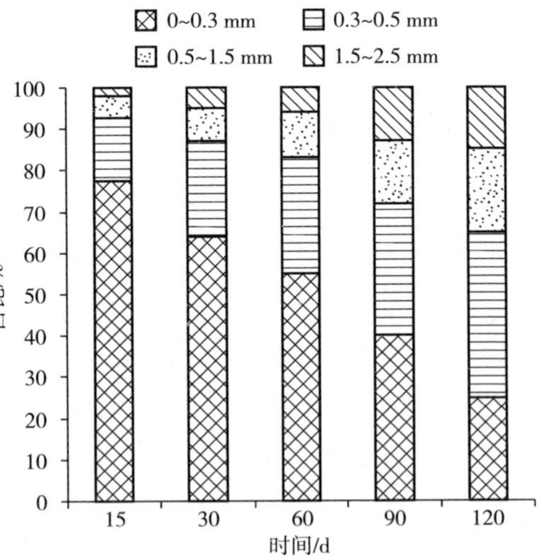

图7-10 颗粒污泥出现后在不同运行时间厌氧颗粒污泥的粒径分布图

根据以上的分析，随着厌氧反应器持续稳定运行，小粒径的颗粒量逐渐减少，中间粒径的颗粒量开始增加。大颗粒的逐渐长大，而且大颗粒的逐渐增多，小颗粒的逐渐减少，此时厌氧反应器颗粒化率已经达到75%。在稳定运行的厌氧反应器中，不同规格的颗粒充满反应器内，反应器内的基质被不同规格的颗粒中的微生物反复降解，使得反应器内的基质越来越低[80]，因而厌氧出水的COD小于150mg/L，可厌氧的有机物已经基本完全被厌氧生物降解了。

7.5.4 反应器VSS与TSS的变化

好氧剩余活性污泥作为接种污泥，接种到IC厌氧反应器。开始运行时，IC厌氧反应器底部的TSS浓度高而顶部浓度低。随着污泥驯化的持续进行，反应器运行也非常稳定，没有出现异常情况，TSS浓度逐渐降低，当颗粒污泥出现时，由于会有一定量的污泥流失，从而导致TSS浓度降低到最低值。随着颗粒污泥的逐渐成长，粒径逐渐变大，TSS浓度逐渐升高，颗粒化完成后，超过了接种时的TSS浓度。可能原因是污泥在启动驯化期时由于液体上升流速过高而导致大量流失[81]，当开始出现颗粒污泥后，污泥流失量减少；随着颗粒污泥逐渐长大，污泥增殖量等于流失量时，TSS浓度达到了最低值；当污泥增殖量超过流失量后，TSS浓度逐渐增加，当颗粒化完成后，TSS浓度超过了接种污泥浓度。厌氧反应器底部TSS浓度比顶部TSS浓度高的可能原因是底部污泥的颗粒粒径大而沉降速度大[82]，厌氧反应器顶部污泥的颗粒粒径小，容易使颗粒污泥的沉降速度变小而容易流失。厌氧反应器底部污泥密实而使TSS浓度高，顶部污泥松散而使TSS浓度低。沉降速度小的颗粒污泥容易流出厌氧反应器，沉降速度大的颗粒污泥容易截留在厌氧反应器中[83]，从而使厌氧反应器有大粒径、高的沉淀速度的颗粒污泥，实现了高的有机负荷OLR和COD去除率。

VSS浓度的变化与TSS有相同的趋势。研究表明如果接种污泥的污泥浓度较低，反应器很容易酸化，从而降低了厌氧反应器运行的稳定性。接种污泥的污泥浓度较高，可以缩短启动时间，一旦污泥容易流失时，较高的污泥浓度仍然为颗粒化进程补充充足的污泥接种量，因而接种污泥时应提高接种污泥的量。

反应器5m取样高度不同时间TSS、VSS和VSS/TSS的变化见表7-4，VSS/

TSS值变化从开始时升高，当颗粒化完成后VSS/TSS比接种的污泥略有降低，底物中有机质转化为颗粒污泥。

表7-4　颗粒污泥出现期中反应器中TSS、VSS和VSS/TSS的变化表

项目	时间					
	启动污泥	颗粒污泥出现期				
		第1天	第30天	第60天	第90天	第120天
TSS/（mg/L）	66000	53000	49400	55000	57500	62000
VSS/（mg/L）	49500	43000	40500	45700	47500	51000
VSS/TSS	0.75	0.81	0.82	0.83	0.83	0.82

7.5.5　颗粒污泥的活性

在IC厌氧反应器7m取样高度处取厌氧污泥，测定厌氧污泥的SMA。从图7-11可以看出，随着厌氧反应器的持续运行，比产甲烷活性SMA（以VSS计，下同）也随之增加，从接种污泥15mL/（g·d）上升到164mL/（g·d），比原来增加了11倍。随着负荷的增加，污泥对反应器环境的适应，SMA逐渐提高，污泥的产甲烷活性增强，当厌氧反应器稳定运行后，污泥的SMA达到了一个最大值[84]。

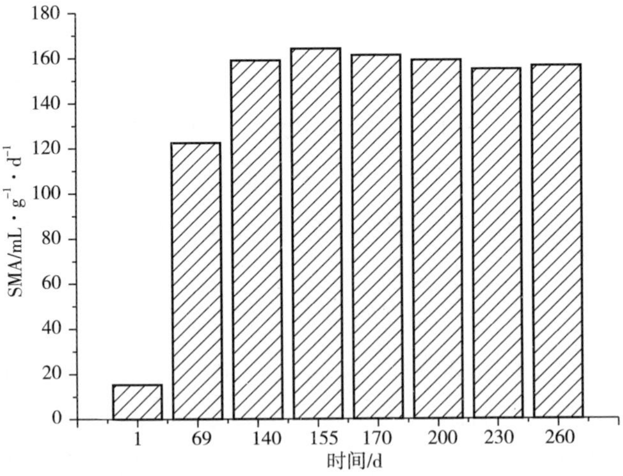

图7-11　不同时间厌氧污泥的比产甲烷活性

7.5.6 充氧池运行效果分析

充氧池没有投加污泥，采用厌氧流失的细碎污泥同步驯化，与厌氧同步进行。充氧池设有曝气扩散设备，依靠IC厌氧塔出水区与所述充氧反应池之间的液位差实现充氧而实现好氧生物反应，从而省去曝气用的鼓风机。在系统启动后的65d，二沉池出水是没有达到排放标准的。当IC厌氧反应器逐渐稳定运行，出水COD小于150mg/L时，充氧池有机负荷OLR在0.3kg COD/（m^3·d）左右，二沉池出水的COD小于100mg/L和甲醛浓度小于1mg/L，实现了达标排放。此方法节省了10%投资，降低了40%~50%的运行电费。

7.6 系统达标情况分析

整个废水处理系统自投入运行开始，在前65d，IC厌氧反应器处于启动阶段，系统出水没有达标，当IC厌氧反应器逐渐稳定运行，出水COD小于150mg/L时，二沉池出水的COD小于100mg/L和甲醛浓度小于1mg/L。厌氧的COD去除率在96%以上，甲醛的去除率在93%左右。充氧池的COD去除率在60%以上，甲醛的去除率在44%左右，从而形成了低浓度甲醛废水降解的产业化技术和装备。

7.7 经济效益情况分析

药剂费、人工费和电费三者构成了废水处理系统的直接运行费用，废水处理运行费用分析见表7–5，其中药剂费约为0.05元/m^3废水、人工费约为0.80元/m^3废水和电费约为0.78元/m^3废水，合计直接运行费用约为1.63元/m^3废水。

表7–5 废水处理运行费用分析表

序号	项目	名称	用途	单价	1m^3废水用量	1m^3废水运行费
1	药剂费	30%液体NaOH	原废水加碱调节pH	1.07元/kg	0.04kg	0.05

续表

序号	项目	名称	用途	单价	$1m^3$废水用量	$1m^3$废水运行费
2	人工费	班长、操作工和化验员	班长1人、操作工3人、化验员2人	4000元/（人·月）	—	0.80
3	电费	设备	总运行功率约为90kW，平均电费0.85kW·h/元	918kW·h/d	0.918kW·h	0.78
4	合计	（1~3之和）	—	—	—	1.63

厌氧系统产生沼气1300~1500m^3/d，沼气直接去锅炉助燃，热利用效率高，沼气效益为1300~1500元/d，相当于1.30~1.50元/m^3废水的沼气效益，抵去废水处理系统的直接运行费用，即每吨废水需要补贴0.13~0.33元。

7.8 小结

本章研究处理甲醛浓度为10~20mg/L的低浓度甲醛废水，采用IC厌氧反应器处理，利用好氧剩余污泥作为接种污泥启动厌氧反应器，培养和驯化，并产生了厌氧颗粒污泥。本章也分析了厌氧颗粒污泥分布、性质和SMA活性，创造性地应用了无外加动力的充氧曝气方法，实现了低浓度甲醛废水的达标排放，得出以下主要结论：

（1）以好氧剩余活性污泥作为接种污泥，成功启动了IC厌氧反应器处理低浓度甲醛废水，IC厌氧反应器进水COD在3500mg/L~4500mg/L，进水的甲醛浓度在13~15mg/L，经过IC厌氧反应器HRT为1d的厌氧生物降解，有机负荷OLR在 4kgCOD/（m^3·d），厌氧出水COD浓度稳定在110~130mg/L，厌氧的COD去除率在96%以上，厌氧出水的甲醛浓度在1mg/L左右，甲醛的去除率在93%左右。通过往调节池加入好氧污泥来提高调节池的pH，减少了加液碱量，同时适当地降低厌氧进水的pH并保持在4~6，实现了厌氧出水的pH在7~8，IC厌氧反应器稳定运行，反应器内污泥颗粒化率达到75%左右。

（2）利用厌氧出水口与充氧池之间的液位差，创造性地应用了无外加动力的充氧曝气方法，充氧池有机负荷OLR在0.3kgCOD/（m^3·d），系统出水的COD浓度小于100mg/L和甲醛浓度小于1mg/L，实现了低浓度甲醛废水的达标排放。

8 IC厌氧+兼氧+氧化沟工艺处理甲醛园区废水的工艺设计

江苏某新材料园区主要企业是以甲醛为原料生产季戊四醇、三羟甲基丙烷等产品，产生的废水中含有一定甲醛，为了提升投资环境、优化发展环境、改善生态环境，推进园区上规模、上水平、上效益，促进经济、社会、环境协调发展，建设一座污水处理厂，污水处理厂建设规模为2000m^3/d，该废水处理设施于2011年建成并稳定运行至今，于2018年出水提标升级至现行《太湖地区城镇污水处理厂及重点工业行业主要水污染物排放限值》（DB32/T1072—2018），即COD排水指标由＜80mg/L提升为＜60mg/L。

笔者采用IC厌氧+兼氧+氧化沟为主的工艺，研究生物法处理10mg/L左右的甲醛园区废水处理厂，达到太湖地区直接排放标准。研究目的如下：①确定工艺路线和技术参数；②分析工艺的运行费用和处理效果，形成甲醛园区废水处理技术和装备。

8.1 设计进水水质和排放标准

8.1.1 设计进水水质

参照相关地区污水处理厂水质要求，结合周边地区的水质情况，设计水质如表8-1所示。

表8-1　　设计进水水质表（pH为无量纲，其他单位为mg/L）

指标	数值	指标	数值
COD	＜2000	BOD_5	＜800
pH	6~9	NH_3-N	＜30
甲醛	＜30	TP	＜3

8.1.2　排放标准

项目出水水质执行《太湖地区城镇污水处理厂及重点工业行业主要水污染物排放限值》（DB32/T 1072-2007）“城镇污水处理厂Ⅲ：接纳污水中工业废水量大于80%（含80%）的城镇污水处理厂”排放标准，甲醛指标执行《污水综合排放标准》（GB 8978-1996）一级标准中表4的要求，具体指标见表8-2。2018年江苏地方标准提标，改为《太湖地区城镇污水处理厂及重点工业行业主要水污染物排放限值》（DB32/T1072-2018），其中出水COD小于60mg/L。

表8-2　　设计出水水质表（pH为无量纲，其他单位为mg/L）

指标	数值	指标	数值
COD	＜60	BOD_5	＜20
pH	6~9	NH_3-N	＜5
甲醛	＜1	TP	＜0.5

8.2　工艺流程和说明

8.2.1　工艺流程

园区污水处理工艺流程如图8-1所示。

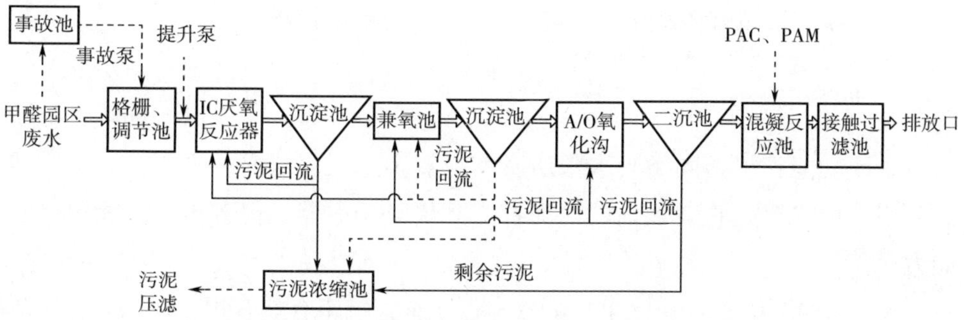

图8-1 园区污水处理工艺流程图

8.2.2 流程说明

污水经细格栅拦截去除废水中较大的悬浮物、漂浮物、纤维物质和固体颗粒物质进入污水提升泵集水池后，自流入调节池，调节水质和水量，通过提升泵提升至IC厌氧反应器。厌氧沉淀池出水自流入生化系统，部分厌氧沉淀池污泥回流到IC厌氧反应器进一步厌氧硝化，达到污泥减量化目的。生化系统采用兼氧+A/O氧化沟工艺。生化出水经二沉池的沉淀作用自流入混凝反应池和接触过滤池进行深度处理，滤池出水达标排放。

8.3 各构筑物设计

8.3.1 调节池

主要功能：调节水质和水量。

调节池设计尺寸：$L \times W \times H$=28m×17m×5.0m，有效水深：4.5m，有效容积1400m^3。

建筑形式：钢砼结构。

配套设备：

（1）人工细格栅，栅宽1.2m，栅条间距6mm，2道，材质：不锈钢，人工清理。

（2）提升泵：无堵塞耐腐蚀排污泵，Q=100m^3/h，H= 32m，N=22kW，2套，1用1备。

（3）搅拌机，直径620mm，4kW，1套，不锈钢材质。

8.3.2 IC厌氧反应器

主要功能：根据同类废水水质及其厌氧实际工程情况，采用厌氧反应器处理甲醛废水[87]，将兼氧池的污泥补充到厌氧反应器，提升厌氧去除甲醛的能力[85, 86]。

设计尺寸：$D \times H = \phi\, 13.35\text{m} \times 22.5\text{m}$，1座，单座有效容积：3000$\text{m}^3$，有效停留时间1.5d，钢结构，内部防腐。

配套设备：

（1）进水配水器和布水器：PVC材质，非标，1套。

（2）专有三相分离器：304+PP板，非标，2套。

（3）专有集气箱：304+PP板，非标，1套。

（4）水封：$D \times H = \phi\, 1.2\text{m} \times 1.5\text{m}$，304，1套。

（5）厌氧塔筒体：$D \times H = \phi\, 13.24\text{m} \times 22.5\text{m}$，Q235，环氧沥青防。

（6）温度计，1台。

（7）厌氧塔循环泵：$Q=50\text{m}^3/\text{h}$，$H=15\text{m}$，$N=5.5\text{kW}$，2台，1用1备，耐腐蚀自吸式。

（8）电磁流量计，2台。

8.3.3 厌氧沉淀池

主要功能：作为厌氧处理的污泥沉淀、污泥回流、储备系统，可以提高厌氧系统的抗冲击能力、保证厌氧污泥浓度。厌氧出水进行污泥选择，污泥进行回流或排放[87]。

设计尺寸：$D \times H = \phi\, 13.35\text{m} \times 6\text{m}$，1座。

表面负荷：$0.5\text{m}^3/(\text{m}^2 \cdot \text{h})$。

沉淀时间：3.0~5.0h。

建筑形式：钢结构。

配套设备：排泥泵：$Q=50\text{m}^3/\text{h}$，$H=32\text{m}$，$N=11\text{kW}$，2套，1用1备。

8.3.4　兼氧池

主要功能：因接管的废水均是各个企业的污水站经过生化处理，废水的可生化性降低，通过本段的兼氧池，使废水中大分子污染物变成小分子污染物、难降解的污染物变成易降解的污染物，调整废水的可生化性，降解废水中的有机污染物，使废水中的有机物尽可能采用兼氧的方式去除，以降低好氧系统有机负荷和运行费用。

设计尺寸：$L \times W \times H$=27.3m × 11.2m × 5.0m，有效水深：4.5m，有效容积：1300m^3。

建筑形式：钢砼结构。

配套设备：低速推流器，叶轮直径：1.4m，功率：N=4kW，数量：2台。

8.3.5　兼氧沉淀池

主要功能：经过水解后，性能好的兼氧污泥会流到兼氧池前段，性能差的污泥排入污泥浓缩池，兼氧池出水经过沉淀池进入A/O式氧化沟。兼氧沉淀池的污泥部分回流到IC厌氧反应器，提高厌氧单元去除甲醛的能力。

设计尺寸：$D \times H$= ϕ13.6m × 5.5m。

建筑形式：钢砼结构。

配套设备：

（1）周边传动刮泥机：ZBGX–13– Ⅰ，1套，单桥。

（2）污泥回流泵：Q=100m^3/h，H=20m，N=11kW，2套，1用1备。

8.3.6　A/O式氧化沟

主要功能：降解废水中的大部分有机污染物，采用A/O方式运转，进行脱氮除磷，同时，也减少了使用空气量。氧化沟内流速可达0.3m/s以上，并有着沟内的大比例自回流，使氧化沟的进水与沟内的混合液充分混合，可以快速吸附、稀释进水端的有机物质，具有污泥产率低，排泥量少，去除效果好，操作简单等优点。

设计尺寸：$L \times W \times H$=28m × 25.3m × 5.5m，有效水深：5.0m，有效容积：3200m^3。

建筑形式：钢砼结构。

停留时间：38h。

有机负荷：0.5kgCOD/（$m^3 \cdot d$）。

配套设备：

（1）低速推流器，叶轮直径：1.4m，功率：N=4kW，数量：4台。

（2）倒伞型表曝机，DS225B，N=22kW，变频调速型，数量：2台。

8.3.7 二沉池

主要功能：沉淀氧化沟池的出水，泥水分离，澄清出水。二沉池的多余污泥回流到兼氧池，进一步发挥好氧菌种的生物降解能力。

设计尺寸：$D \times H = \phi 13.6m \times 5.5m$。

沉淀时间：3~4h。

表面负荷：$0.55m^3/(m^2 \cdot h)$。

建筑形式：钢砼结构。

配套设备：

（1）周边传动刮泥机：ZBGX-13-Ⅰ，1套，单桥。

（2）污泥回流泵：$Q=100m^3/h$，H=20m，N=11kW，2套，1用1备。

8.3.8 混凝反应池

主要功能：投加PAC、PAM，除磷反应和澄清出水。

设计尺寸：$L \times W \times H = 6m \times 4m \times 5m$，为2格。

配套设备：立式搅拌机，N=2.2kW，4台。

8.3.9 接触过滤池

主要功能：接触过滤池为上流式，底层为陶粒，上层为活性炭，使废水处理能够应对特殊时期的水质变化，提高系统的抗冲击能力。

设计尺寸：$L \times W \times H = 6m \times 4m \times 5m$。

过滤速度：3.5m/h。

吸附时间：30min。

陶粒厚度：1.0m，ϕ=4~6mm。

活性炭厚度：0.5m，ϕ=4~6mm。

配套设备：排泥泵：Q=50m^3/h，H=20m，N=7.5kW，2套，1用1备。

8.3.10 清水池

主要功能：收集出水，然后泵送至排放口。

设计尺寸：$L\times W\times H$=6m×4m×5m。

配套设备：排放泵：Q=100m^3/h，H=50m，N=22kW，1用1备，2台。

8.3.11 污泥浓缩池

污泥浓缩池设计尺寸为：$L\times W\times H$=10m×5m×5m，分2格。

配套设备：

（1）污泥压滤机：120m^{2}板框压滤机，1台。

（2）压滤泵：Q=30m^3/h，扬程H=60m，N=11kW，数量：2台，1用1备。

8.4 运行费用分析

8.4.1 设备电耗

总计算负荷420kW，运行功率260kW；电价按0.85元/（kW·h）计算，电费为2.98元/t水。

8.4.2 人员费用

人员编制为15人，人员工资平均每月2500元计算，费用约0.63元/t水。

8.4.3 药剂费用

废水处理的药剂费包括营养费、化验药剂费、剩余污泥处理等。根据同类工程的实际运行情况，一般4.06元/吨水。

8.5 各个工艺段去除效率指标

污水处理去除率如表8-3所示。

表8-3　　污水处理去除率表　　单位：mg/L

序号	处理单元	水质项目	水质指标			
			COD	甲醛	氨氮	总磷
1	调节池	进水	≤ 2000	≤ 10	≤ 30	≤ 3
2	IC厌氧反应器和沉淀池	进水	≤ 2000	≤ 10	≤ 30	≤ 3
		出水	≤ 800	≤ 5	≤ 30	≤ 3
		去除率/%	≥ 60%	≥ 50%	—	—
3	兼氧池和兼氧沉淀池	进水	≤ 800	≤ 5	≤ 30	≤ 3
		出水	≤ 500	≤ 2	≤ 30	≤ 3
		去除率/%	≥ 40%	≥ 50%	—	—
4	氧化沟和二沉池	进水	≤ 500	≤ 2	≤ 30	≤ 3
		出水	≤ 75	≤ 1	≤ 5	≤ 2
		去除率/%	≥ 85%	≥ 50%	≥ 85%	≥ 35%
5	混凝沉淀池和接触过滤池	进水	≤ 75	≤ 1.0	≤ 5	≤ 2
		出水	< 55	< 1.0	< 4	< 0.4
		去除率/%	≥ 30%	≥ 50%	≥ 20%	≥ 80%
6	排水标准	—	< 60	< 1	< 5	< 0.5

8.6 小结

（1）采用IC厌氧+兼氧+氧化沟为主的生物工艺，末端为混凝反应和接触过滤，实现COD、甲醛达到太湖地区直接排放标准。

（2）园区接管企业的废水，一企一管一池，由接管企业将经过企业废水处理站处理至接管要求后，通过提升泵泵送至调节池，均化污水的水质和水量。

（3）采用IC厌氧内循环反应器作为废水厌氧工艺，从建设成本来说能有效地减少占地面积；从工艺上来说能有效地提高反应器的水力负荷，出水稳定，耐冲击能力强。

（4）对于本工业集中区主要特征污染因子——甲醛，采用生物法即厌氧+兼氧池进行处理，采用A/O氧化沟的方式运行，其抗冲击能力强，出水更加稳定，从工艺上降低风量，节省电费。

（5）末端为混凝反应和接触过滤池，除磷和澄清出水，最终实现污水的稳定达标排放。

参考文献

[1] Maloney S W, Adrian N R, Hickey R F, et al. Anaerobic treatment of pinkwater in a fluidized bed reactor containing GAC[J]. Journal of Hazardous Materials, 2002, 92（1）: 77–88.

[2] Oliveira S V W B, Moraes E M, Adorno M A T, et al. Formaldehyde degradation in an anaerobic packed–bed bioreactor[J]. Water Research, 2004, 38（7）: 1685–1694.

[3] 田大亮，曹国民，盛梅，等.高浓度甲醛废水预处理技术研究[J]. 净水技术，2009，28（3）：36–39.

[4] 黄力群，张杰，田宁宁，等.用H_2O_2/Fe^{3+}处理高浓度含甲醛废水的研究[J]. 环境工程学报，2009，3（7）：1274–1278.

[5] Cui W, Cui Z J, Zhang N, et al.A new efficient technology for refractory phenol–formaldehyde resin wastewater treatment[J]. Rsc Advances, 2016, 23（6）: 19078–19088.

[6] 王大六，王本庭.催化湿式氧化法处理高浓度吡唑甲醛肟生产废水的研究[J]. 化工时刊，2008，22（8）：32–36.

[7] 张蕾，郭生友，原芝泉.高浓度甲醛制药废水处理工程设计探讨[J]. 工业水处理，2005，25（1）：66–68.

[8] 聂胜男.高甲醛浓度树脂废水处理方法研究[D]. 北京：中国石油大学，2023，20–50.

[9] 乔丽丽，乔瑞平，王洋，等.含甲醛废水脱毒预处理的试验研究[J]. 环境工程，2015，33（1）：263–266.

[10] 刘艳，朱振中，周良.强化转化–生物降解法处理高浓度甲醛废水[J]. 应用化工，2010，39（9）：1438–1442.

[11] 李海燕，陈莉莉，唐一.含高浓度甲醛的丙烯酸及丙烯酸酯生产废水厌氧生物处理的试验研究[J]. 中国沼气，2010，28（2）：8–11.

[12] 陈建军，唐新亮，张柯.内循环BAF在高浓度含甲醛废水预处理中的

应用研究[J].石油化工安全环保技术，2012，28（1）：58-60.

[13] Gonzalez-Gil G, Kleerebezem R, Lettinga G. Conversion and toxicity characteristics of formaldehyde in acetoclastic methanogenic sludge[J]. Biotechnology & Bioengineering, 2002, 79 (3): 314-322.

[14] Huacheng, Pinjing, Guanzhao, et al. Effects of activated sludge flocs and pellets seeds on aerobic granule properties[J]. Journal of Environmental Sciences, 2011, 23, (4): 537-544.

[15] D' Abzac P, Bordas F, Hullebusch E V, et al. Extraction of extracellular polymeric substances (EPS) from anaerobic granular sludges: comparison of chemical and physical extraction protocols[J]. Applied Microbiology & Biotechnology, 2010, 85 (5): 1589-1599.

[16] Lei L, Liu Y, Jin K, et al. Applied research on the resource recovery of formaldehyde in pesticide wastewater[J]. Journal of Chemical & Engineering Data, 2014, 59 (11): 3539-3544.

[17] Baloch, M I. Methanogenic granular sludge as a seed in an anaerobic baffled reactor[J]. Water & Environment Journal, 2011, 25 (25): 171-180.

[18] 彭玲，张健，王双飞.钙化对生产性厌氧反应器中颗粒污泥特性的影响[J].中国造纸，2024，43（11）：148-156.

[19] 何瑜，何成达，朱腾义，等.生物除磷颗粒污泥的培养及其特性[J].中国给水排水，2024，40（23）：91-98.

[20] Virkutyte J, Rokhina E, Lens P, et al. The effect of electrodialytic treatment and Na_2H_2-EDTA addition on methanogenic activity of copper-amended anaerobic granular sludge: Treatment costs and energy consumption[J]. Bioresource Technology, 2010, 102 (9): 5541-5544.

[21] Zheng S, Li H, Cui C. An upflow microaerobic sludge blanket reactor operating at high organic loading and low dissolved oxygen levels[J]. Biotechnology Letters, 2010, 33 (4): 693-697.

[22] Zhang Y, An X, Quan X. Enhancement of sludge granulation in a zero valence iron packed anaerobic reactor with a hydraulic circulation[J]. Process Biochemistry, 2011, 46 (2): 471-476.

[23] 董梅，赵建宁.石灰法预处理高浓度甲醛废水工艺的优化研究[J]. 辽宁化工，2013，42（11）：1295-1296.

[24] El-Mashad H M. Kinetics of methane production from the codigestion of switchgrass and Spirulina platensis algae[J]. Bioresource Technology，2013，132（3）：305-312.

[25] Kafle G K，Sang H K. Anaerobic treatment of apple waste with swine manure for biogas production：Batch and continuous operation[J]. Applied Energy，2013，103（1）：61-72.

[26] Bani-Melhem K，Smith E. Grey water treatment by a continuous process of an electrocoagulation unit and a submerged membrane bioreactor system[J]. Chemical Engineering Journal，2012，s198-199（4）：201-210.

[27] Wasala M K R T W Bandara，Satoh H，Sasakawa M，et al. Removal of residual dissolved methane gas in an upflow anaerobic sludge blanket reactor treating low-strength wastewater at low temperature with degassing membrane[J]. Water Research，2011，45（11）：3533-3540.

[28] Pagáčová P，Galbová K，Drtil M，et al. Denitrification in USB reactor with granulated biomass[J]. Bioresource Technology，2010，101（1）：150-156.

[29] Kayranli B，Ugurlu A. Effects of temperature and biomass concentration on the performance of anaerobic sequencing batch reactor treating low strength wastewater[J]. Desalination，2011，278（1）：77-83.

[30] Rani R U，Kumar S A，Kaliappan S，et al. Low temperature thermo-chemical pretreatment of dairy waste activated sludge for anaerobic digestion process[J]. Bioresource Technology，2012，103（1）：415-424.

[31] Li L，Kong X，Yang F，et al. Biogas production potential and kinetics of microwave and conventional thermal pretreatment of grass[J]. Applied Biochemistry & Biotechnology，2011，166（5）：1183-1191.

[32] Chowdhury M R I，Mulligan C N. Biosorption of arsenic from contaminated water by anaerobic biomass[J]. Journal of Hazardous Materials，2011，190（1-3）：486-492.

[33] Wu J，Afridi Z U，Cao Z P，et al. Size effect of anaerobic granular sludge

on biogas production: A micro scale study[J]. Bioresource Technology, 2015, 202 (3): 165–171.

[34] Wu J, Zhao P, Tian L, et al. Internal circulation anaerobic digester—a upflow anaerobic sludge digester[J]. Journal of Biotechnology, 2010, 150 (6): 39–42.

[35] Xu F, Miao H F, Huang Z X, et al. Performance and dynamic characteristics of microbial communities in an internal circulation reactor for treating brewery wastewater[J]. Environmental Technology, 2013, 34 (17–20): 2881–2888.

[36] Ding Y, Feng H, Huang W, et al. The effect of quorum sensing on anaerobic granular sludge in different pH conditions[J]. Biochemical Engineering Journal, 2015, 103 (5): 270–276.

[37] Tan X, Ren Y, Zhao L. Treating opaque beer wastewater using a novel internal circulation membrane bioreactor[J]. Transactions of Tianjin University, 2006, 12 (4): 271–276.

[38] Xu F, Huang Z X, Miao H, et al. Identical full-scale biogas-lift reactors (BLRs) with anaerobic granular sludge and residual activated sludge for brewery wastewater treatment and kinetic modeling[J]. Journal of Environmental Sciences, 2013, 25 (10): 2031–2040.

[39] 徐富，唐德友，关国强，等. CLR厌氧反应器在生活垃圾焚烧发电厂渗滤液处理中的应用[J]. 给水排水，2013，39 (12): 51–53.

[40] Li X Y, Yang S F. Influence of loosely bound extracellular polymeric substances (EPS) on the flocculation, sedimentation and dewaterability of activated sludge[J]. Water Research, 2007, 41 (5): 1022–1030.

[41] Pietsch T, Mehrwald R, Grajetzki R, et al. Sedimentation behaviour of sludge particles in a biogas tower reactor and the function of a hydrostatically pressurized sedimenter[J]. Water Research, 2003, 37 (5): 1071–1079.

[42] Zhang H, Feng D, Tao J, et al. Aerobic granulation with low strength wastewater at low aeration rate in A/O/A SBR reactor[J]. Enzyme & Microbial Technology, 2011, 49 (2): 215–222.

[43] Bin Z, Baosheng S, Min J, et al. Quantification and comparison of

ammonia-oxidizing bacterial communities in MBRs treating various types of wastewater[J]. Bioresource Technology, 2010, 101 (9): 3054-3059.

[44] Wang X, Zhang B, Shen Z, et al. The EPS characteristics of sludge in an aerobic granule membrane bioreactor[J].Bioresource Technology, 2010, 101 (21): 8046-8050.

[45] Dai R, Liu H, Qu J. The effects of different nitrogen compounds on the growth and microcystin production of Microcystis aeruginosa[J]. J Water Supply Res T 2009, 58 (4): 277-284.

[46] Apostolos V, Elli Maria B, Sofia M. Determination of granule size distribution in a UASB reactor [J]. Journal of Environmental Management, 2008, 86 (4): 660-664.

[47] Zumsteg A, Luster J, Göransson H, et al. Bacterial, archaeal and fungal succession in the forefield of a receding glacier[J]. Microbial Ecology, 2012, 63 (3): 552-564.

[48] Guo M, Xian P, Yang L, et al. Effect of humic acid in leachate on specific methanogenic activity of anaerobic granular sludge.[J]. Environmental Technology, 2015, 36 (21): 1-12.

[49] Pratt S, Liew D, Batstone D J, et al. Inhibition by fatty acids during fermentation of pre-treated waste activated sludge[J]. Journal of Biotechnology, 2012, 159 (1-2): 38-43.

[50] Latif M A, Ahmad A, Ghufran R, et al. Effect of temperature and organic loading rate on upflow anaerobic sludge blanket reactor and CH_4 production by treating liquidized food waste[J]. Environmental Progress & Sustainable Energy, 2011, 31 (1): 114-121.

[51] Shibata A, Inoue Y, Katayama A. Aerobic and anaerobic biodegradation of phenol derivatives in various paddy soils[J]. Science of the Total Environment, 2006, 367 (2-3): 979-987.

[52] Costa J C, Abreu A A, Ferreira E C, et al. Quantitative image analysis as a diagnostic tool for monitoring structural changes of anaerobic granular sludge during detergent shock loads[J]. Biotechnology & Bioengineering, 2007, 98 (1): 60-68.

[53] Oliveira G H D, Santos-Neto A J, Zaiat M. Evaluation of sulfamethazine sorption and biodegradation by anaerobic granular sludge using batch experiments[J]. Bioprocess & Biosystems Engineering, 2016, 39 (1): 115-124.

[54] Han H, Wei L, Liu B, et al. Optimization of biohydrogen production from soybean straw using anaerobic mixed bacteria[J]. International Journal of Hydrogen Energy, 2012, 37 (17): 13200-13208.

[55] Huan L, Yiying J, Yongfeng N. Application of alkaline treatment for sludge decrement and humic acid recovery[J]. Bioresource Technology, 2009, 100 (24): 6278-6283.

[56] Chu Y, Wei Y, Yuan X, et al. Bioconversion of wheat stalk to hydrogen by dark fermentation: Effect of different mixed microflora on hydrogen yield and cellulose solubilisation[J]. Bioresource Technology, 2011, 102 (4): 3805-3809.

[57] Duarte I C S, Oliveira L L, Mayor M S, et al. Degradation of detergent (linear alkylbenzene sulfonate) in an anaerobic stirred sequencing-batch reactor containing granular biomass[J]. International Biodeterioration & Biodegradation, 2010, 64 (2): 129-134.

[58] Quan X, Xin Z, Xu H. In-situ formation and immobilization of biogenic nanopalladium into anaerobic granular sludge enhances azo dyes degradation[J]. Water Research, 2015, 78 (3): 74-83.

[59] Yudy Andrea L, Gustavo Antonio P. Anaerobic biological treatment of methylparaben in an expanded granular sludge bed (EGSB) [J]. Water Science & Technology, 2015, 71 (11): 1604-1610.

[60] Adav S S, Lee D J, Lai J Y. Potential cause of aerobic granular sludge breakdown at high organic loading rates[J]. Applied Microbiology & Biotechnology, 2009, 85 (5): 1601-1610.

[61] Qiao S, Nishiyama T, Fujii T, et al. Rapid startup and high rate nitrogen removal from anaerobic sludge digester liquor using a SNAP process[J]. Biodegradation, 2011, 23 (1): 157-164.

[62] Teresa M, Ulas T, Pavlostathis S G. Fate and effect of naphthenic acids on oil refinery activated sludge wastewater treatment systems[J]. Water Research, 2013,

47（1）: 449–460.

[63] Sun X F, Wang S G, Cheng W, et al. Enhancement of acidic dye biosorption capacity on poly（ethylenimine）grafted anaerobic granular sludge[J]. J Hazard Mater 2011, 189,（1–2）: 27–33.

[64] Sulaymon A H. Performance of granular dead anaerobic sludge as permeable reactive barrier for containment of lead from contaminated groundwater[J]. Desalination & Water Treatment, 2014, 56（2）: 1–11.

[65] Liu F, Teng S, Song R, et al. Adsorption of methylene blue on anaerobic granular sludge: Effect of functional groups[J]. Desalination, 2010, 263（1–3）: 11–17.

[66] Hwu C S, Cai W Y. Enhanced Biogas Production of Bagasse by Anaerobic Granular Sludge under Thermophilic Conditions[J]. Journal of Biotechnology, 2010, 150（6）: 21–22.

[67] Fermoso F G, Jan B, Ramon M, et al. Dosing of anaerobic granular sludge bioreactors with cobalt: impact of cobalt retention on methanogenic activity[J]. Bioresource Technology, 2010, 101（24）: 9429–9437.

[68] Meulepas R, Jagersma C, Zhang Y, et al. Trace methane oxidation and the methane dependency of sulfate reduction in anaerobic granular sludge[J]. Fems Microbiology Ecology, 2010, 72（2）: 261–271.

[69] D' Abzac P, Bordas F, Hullebusch E V, et al. Effects of extraction procedures on metal binding properties of extracellular polymeric substances（EPS）from anaerobic granular sludges[J]. Colloids & Surfaces B Biointerfaces, 2010, 80（2）: 161–168.

[70] Cheng F, Boe K, Angelidaki I. Biogas production from potato–juice, a by–product from potato–starch processing, in upflow anaerobic sludge blanket（UASB）and expanded granular sludge bed（EGSB）reactors[J]. Bioresource Technology, 2011, 102（10）: 5734–5741.

[71] Feng X M, Anna K, Svensson B H, et al. Impact of trace element addition on biogas production from food industrial waste—linking process to microbial communities[J]. Fems Microbiology Ecology, 2010, 74（1）: 226–240.

[72] Lei W, Peng C, Peng Y, et al. Effect of wastewater COD/N ratio on aerobic nitrifying sludge granulation and microbial population shift[J]. Journal of Environmental Sciences, 2012, 24 (2): 234–241.

[73] Ahmed Tawfik, Nagwa Badr, EnasAbu Taleb, et al. Sewage treatment in an up-flow anaerobic sponge reactor followed by moving bed biofilm reactor based on polyurethane carrier material[J]. Desalination & Water Treatment, 2012, 37 (1–3): 350–358.

[74] Shin C, Bae J, Mccarty P L. Lower operational limits to volatile fatty acid degradation with dilute wastewaters in an anaerobic fluidized bed reactor[J]. Bioresource Technology, 2012, 109 (4): 13–20.

[75] Riau V, Rubia M A D L, P é rez M. Assessment of solid retention time of a temperature phased anaerobic digestion system on performance and final sludge characteristics[J]. Journal of Chemical Technology & Biotechnology, 2012, 87 (8): 1074–1082.

[76] Chen M F, Ho Y S, Hsiao W T, et al. Optimized laser cutting on light guide plates using grey relational analysis[J]. Optics & Lasers in Engineering, 2011, 49 (2): 222–228.

[77] Gallardo R, Faria C, Rodrigues L R, et al. Anaerobic granular sludge as a biocatalyst for 1, 3-propanediol production from glycerol in continuous bioreactors[J]. Bioresource Technology, 2014, 155 (4): 28–33.

[78] Wu F, Zhou S. Anaerobic biohydrogen fermentation from paper mill sludge[J]. Journal of Energy Engineering, 2012, 138 (1): 1–6.

[79] Zhang J B, Poncin S, Wu J, et al. A multiscale approach for studying an anaerobic multiphase bioreactor[J]. Chemical Engineering Science, 2011, 66 (14): 3423–3431.

[80] Alma S, Anne-Marie E, Vincent O. Methanogenic community development in anaerobic granular bioreactors treating trichloroethylene (TCE) -contaminated wastewater at 37℃ and 15℃[J]. Water Research, 2011, 45 (8): 4035–4046.

[81] Puyol D, Monsalvo V M, Mohedano A F, et al. Cosmetic wastewater treatment by upflow anaerobic sludge blanket reactor[J]. Journal of Hazardous

Materials, 2011, 185 (2–3): 1059–1065.

[82] De Sanctis M, Iaconi C D, Lopez A, et al. Granular biomass structure and population dynamics in Sequencing Batch Biofilter Granular Reactor (SBBGR) [J]. Bioresource Technology, 2010, 101 (7): 2152–2158.

[83] Mary–Luyza A, Emmanuel Y, Holger H, et al. Biogeochemical factors influencing net mercury methylation in contaminated freshwater sediments from the St. Lawrence River in Cornwall, Ontario, Canada[J]. Science of the Total Environment, 2011, 409 (5): 968–978.

[84] Liu T, Shen H, Liu Y, et al. Scaled–up synthesis of nanostructured Mg–based compounds and their hydrogen storage properties[J]. Journal of Power Sources, 2013, 227 (227): 86–93.

[85] Li C, Zhang J, Yi Z, et al. Preparation and characterization of a novel environmentally friendly phenol–formaldehyde adhesive modified with tannin and urea[J]. International Journal of Adhesion & Adhesives, 2016, 66 (2): 26–32.

[86] Aslan M, Özbay G, Ayrilmis N. Adhesive characteristics and bonding performance of phenol formaldehyde modified with phenol–rich fraction of crude bio–oil[J]. Journal of Adhesion Science & Technology, 2015, 457 (24): 2679–2691.

[87] 徐富.工业废水厌氧污泥颗粒化技术及工程实践[M]. 北京：中国环境出版集团，2024，200–248.

致谢一

本论文是在导师曲久辉院士的悉心指导下完成的。非常感谢曲老师为我提供了在生态中心学习的宝贵机会，感谢您两年多时间里对我的引导、教导和培养。感谢曲老师为我提供了一流的科研环境、营造了积极的科研氛围，创造了宽松和自主的研究条件。在水质净化组这段日子里，我明白了自己应该做什么，更适合做什么，怎么做，做成什么样。导师的严谨治学，丰富的内涵与高深的修养，博大的胸怀，令我时时感佩和仰慕。深深地感谢曲老师！您是我终生的导师与榜样。

感谢课题组的各位老师，你们对我工作上的无私帮助和生活上的关怀，让我的博士后研究工作得以顺利完成。感谢课题组的师兄、师姐、同学、师弟和师妹们，谢谢你们的支持与帮助，非常荣幸能够与你们共同工作与生活。

感谢人教处的杜向荣老师、任慧敏老师和曹青老师，感谢水开放实验室的所有老师，谢谢你们在我博士后工作期间的无私帮助！

我的父母给了我生命和我的大学，我的岳父母给了我的硕士、博士和博士后，我的妻子给了我家庭，我能走多远走多高取决于我自己！生活不只是眼前的忙碌，还有回忆和梦想！感谢一直激励我的岳父和默默地为家庭付出的岳母、牵挂我的亲人。

2016年5月于中国科学院生态环境研究中心

致谢二

涉及甲醛企业的产品较为广泛，相同产品的不同企业，面对的废水处理问题却大相径庭。如何低成本、高效率地为工业企业提供从技术到方案的全生命周期服务？确保废水处理系统的高效运行和持续优化，这正是本书的出发点。

本书系作者在中国科学院生态环境研究中心做博士后期间的科研成果，并在苏州苏沃特环境科技股份有限公司得到了工程应用，本书是这些工作的总结和提炼。

感谢客户给予机会，感谢团队辛勤付出，使团队深耕食品发酵、医药化工、纺织印染、光伏与锂电新能源和市政污水等领域，专注和系统解决废水厌氧资源化、生物脱氮、高级氧化、深度除氟、除磷、除醛等超低排放的技术、装备及工程问题。致力于为客户提供高浓度有机与无机废水、废液、固废的环评、检测、咨询设计、研究开发、装备制造、工程建设、投资运营等覆盖工业水环境全产业链服务，这便是苏沃特的价值所在。

苏沃特秉持“上善治水”的理念，针对不同客户的环境要求，精心为客户提供核心技术和持续创新服务，公司以“绿水青山就是金山银山”为契机，建成立足长三角、面向全国、走向世界的环保关键技术、高端产品及核心装备，打造一流的工业水环境细分领域隐形冠军企业。

2025年2月于苏州苏沃特环境科技股份有限公司